まずはこれだけ知《し》っておこう!

この本《ほん》は、はじめて植物観察《しょくぶつかんさつ》をする人《ひと》でも楽《たの》しく読《よ》めるように、なるべく簡単《かんたん》な言葉《ことば》を使《つか》って書《か》きました。それでも、はじめに知《し》っておいてもらいたいことがいくつかあります。まずはこのページを読《よ》んでから、本《ほん》編《べん》に進《すす》んでください。

花《はな》の作《つく》りの基《き》本《ほん》

花《はな》は、基本的《きほんてき》に「雌《め》しべ」、「雄《お》しべ」、「花《はな》びら（花弁《かべん》）」、「がく」からできています。

それぞれの見分《みわ》け方《かた》は簡単《かんたん》です。花《はな》の中心《ちゅうしん》から順番《じゅんばん》に「雌《め》しべ」→「雄《お》しべ」→「花《はな》びら」→「がく」と見《み》ていけばいいからです。コハコべを例《れい》に見《み》てみましょう[1]。

これが基本《きほん》ですが、どの植物《しょくぶつ》もこの4つすべてをもっているとは限《かぎ》りません。

たとえばアケビの花《はな》を観察《かんさつ》すると、雄《お》しべしかもっていない「雄花《おばな》」と、雌《め》しべしかもたない「雌花《めばな》」の2種類《しゅるい》があることに気《き》がつきます[2]。

また、春《はる》によく見《み》るハナニラの花《はな》は、「花《はな》びら」と「がく」が同《おな》じ形《かたち》をしていて、それぞれの区別《くべつ》がつきにくいです[3]。

このように、花《はな》の作《つく》りは種類《しゅるい》によってさまざまです。もしかしたらいきなりむずかしい……と感《かん》じてしまうかもしれませんが、だからこそおもしろいと、前向《まえむ》きにとらえてもらえればうれしいです。

果実《かじつ》と種子《しゅし》

花《はな》の雄《お》しべから出《で》る花粉《かふん》が、雌《め》しべの先端《せんたん》にくっつくことを「受《じゅ》粉《ふん》」といいます。これによって、植《しょく》物《ぶつ》は「果実《かじつ》」と「種子《しゅし》」を作《つく》ることができます。

オクラの花《はな》。雌《め》しべの先端《せんたん》に、小《ちい》さな黄色《きいろ》い花粉《かふん》がついている。

果実《かじつ》ができる。

その中《なか》には種子《しゅし》が入《はい》っている。

これにも、ちょっとややこしいものがあります。それが、果実《かじつ》と種子《しゅし》が似《に》たような姿《すがた》をしているものです。たとえばヒマワリなら、花《はな》が咲《さ》いたあとに、縦長《たてなが》の楕円形《だえんけい》でシマシマ模様《もよう》がついたものができます。これは、「果実《かじつ》」か「種子《しゅし》」、どちらだと思《おも》いますか？

ぱっと見《み》では、「種子《しゅし》」だと思《おも》う人《ひと》がいるはずです。でもじつはこれ、「果実《かじつ》」なのです。その証拠《しょうこ》に、この果実《かじつ》を割《わ》ると、中《なか》から「種子《しゅし》」が出《で》てきます。

「果実《かじつ》」と聞《き》くと、ブドウなどのようにジューシーな果肉《かにく》をもつものというイメージがあるかもしれません。でも、ヒマワリにはそのような果肉《かにく》はありません。かんそうしてかたい果実《かじつ》の皮《かわ》が、種子《しゅし》のまわりについているだけなので、見《み》た目《め》上《じょう》は種《しゅ》子《し》に見《み》えるのです。

この本《ほん》では、「果実《かじつ》」なのに、見《み》た目《め》が種子《しゅし》に見《み》えるものは「タネ」とカタカナ表記《ひょうき》にしています（50～51ページ）。「果実《かじつ》」、「種子《しゅし》」と書《か》いたものは、その言葉《ことば》通《どお》りの意味《いみ》になります。

ヒマワリの果実《かじつ》。

割《わ》ると中《なか》に種子《しゅし》が入《はい》っている。

「科《か》」について

植物《しょくぶつ》は、種類《しゅるい》によって花《はな》や果実《かじつ》の形《かたち》がちがうので、それをヒントにすれば名前《なまえ》を調《しら》べることができます。たとえばカラスノエンドウ、スズメノエンドウ、シロツメクサの写《しゃ》真《しん》を並《なら》べてみれば、それぞれがちがう種類《しゅるい》であることは感覚的《かんかくてき》にわかると思《おも》います。

でも、この3種類《しゅるい》の花《はな》を真正面《ましょうめん》から見《み》ると、まるでチョウのような形《かたち》をしていて、雰囲気《ふんいき》が似《に》ています。種類《しゅるい》がちがっても、似《に》た作《つく》りをもつ植物《しょくぶつ》は、「科《か》」や「属《ぞく》」というグループでまとめられます。チョウのような花《はな》は、「マメ科《か》」の特徴《とくちょう》のひとつです。

つまり、これらはみんな仲間《なかま》なのです。

マメ科《か》だとわかれば、この3種《しゅ》は花《はな》が終《お》わったあとに、マメのさやをつけるはずだと予想《よそう》ができます。そうすれば、実際《じっさい》にさやをつけるのか、季節《きせつ》が変《か》わったら確《たし》かめてみよう、と思《おも》うことができます。こうしたグループ分《わ》けも、観察《かんさつ》のヒントになります。

みんなマメ科《か》

カラスノエンドウ

スズメノエンドウ

シロツメクサ

はじめに知《し》っておいてほしい話《はなし》はこれでおしまいです。この本《ほん》では、四季折々《しきおりおり》、植物《しょくぶつ》の観察《かんさつ》テーマを取《と》り上《あ》げて紹介《しょうかい》します。また、登場《とうじょう》する植物《しょくぶつ》は、通学路《つうがくろ》や近隣《きんりん》の公園《こうえん》、校庭《こうてい》で見《み》られるものが中心《ちゅうしん》です。

この本《ほん》にちりばめられている観察《かんさつ》のヒントを参考《さんこう》に、読者《どくしゃ》の皆《みな》さんなりの観察《かんさつ》を楽《たの》しんでください！

季節の生きもの事典 1

身《み》近《ぢか》な草《くさ》の生《い》き方《かた》観《かん》察《さつ》12か月《げつ》

鈴《すず》木《き》純《じゅん》著《ちょ》

文一《ぶんいち》総《そう》合《ごう》出版《しゅっぱん》

植《しょく》物《ぶつ》観《かん》察《さつ》をはじめよう！

場《ば》所《しょ》はどこでもOK《おっけー》！

街路樹《がいろじゅ》が植《う》わっている植《う》え升《ます》の中《なか》だけでも、13種類《しゅるい》もの植物《しょくぶつ》が生《は》えていました。

植物観察《しょくぶつかんさつ》というと、野山《のやま》に行《い》くイメージがあるかもしれませんが、わざわざ遠《とお》くに行《い》かなくても、身近《みぢか》な場所《ばしょ》で植物《しょくぶつ》は楽《たの》しめます。学校《がっこう》に行《い》く道《みち》の途中《とちゅう》、校庭《こうてい》のすみっこ、友《とも》だちと遊《あそ》ぶ公園《こうえん》などで、気軽《きがる》に植物《しょくぶつ》を見《み》てください。

どんどん近《ちか》づこう

植物観察《しょくぶつかんさつ》のいちばん簡単《かんたん》な方法《ほうほう》は、「どんどん近《ちか》づくこと」です。まずは、気《き》になる草花《くさばな》の前《まえ》に腰《こし》を下《お》ろします。そして、花《はな》の高《たか》さにまで顔《かお》を下《お》ろし、真《ま》正面《しょうめん》から草《くさ》を見《み》てみます。たったそれだけのことで、高《たか》いところから見下《みお》ろしていたのでは気《き》づけなかった、植物《しょくぶつ》の美《うつく》しい姿《すがた》に出会《であ》えます。

オオイヌノフグリを上《うえ》から見下《みお》ろす

真横《まよこ》から見《み》る

近《ちか》づく！

そして、どんどん疑問《ぎもん》を持《も》とう！

1

2

　こうしてながめていると、強《つよ》い風《かぜ》がふいてきて、花《はな》がポロっと取《と》れることがあります1。落《お》ちた花《はな》を目《め》で追《お》いかけていると、偶然《ぐうぜん》に果実《かじつ》が見《み》つかることもあります。その果実《かじつ》を割《わ》れば、中《なか》の種子《しゅし》を観《かん》察《さつ》することができます2。

　オオイヌノフグリの種子《しゅし》には、アリが好《す》きな物質《ぶっしつ》がくっついているので、種子《しゅし》を地面《じめん》に置《お》いておけば、アリがその種子《しゅし》を運《はこ》んでいくかもしれません。

　どんどん近《ちか》づいていくと、次《つぎ》から次《つぎ》へと発見《はっけん》と疑問《ぎもん》が出《で》てきます。植物《しょくぶつ》を楽《たの》しむための距離感《きょりかん》をつかみ、自由《じゆう》に想像《そうぞう》して楽《たの》しむこと。植物観察《しょくぶつかんさつ》では、これが大切《たいせつ》なことだと、わたしは思《おも》っています。

月《つき》ごとにテーマを決《き》めて植物《しょくぶつ》を紹介《しょうかい》していきます

　植物《しょくぶつ》は、季節《きせつ》によってもその見《み》え方《かた》が大《おお》きく変《か》わります。なので、観察《かんさつ》のテーマも季節《きせつ》ごとに少《すこ》しずつ変化《へんか》していきます。

　この本《ほん》では、わたしだったらこの月《つき》はこのテーマで楽《たの》しみます、ということを紹介《しょうかい》していきます。

　植物観察《しょくぶつかんさつ》の仕方《しかた》に正解《せいかい》はありません。この本《ほん》で取《と》り上《あ》げた「観察《かんさつ》のヒント」を参考《さんこう》に楽《たの》しんだら、次《つぎ》は皆《みな》さんなりの方法《ほうほう》で植物《しょくぶつ》に近《ちか》づいてみてください。

あるといいもの

　日常生活《にちじょうせいかつ》のついでに植物《しょくぶつ》を楽《たの》しんでもらいたいので、必要《ひつよう》な持《も》ち物《もの》は特《とく》にありません。手《て》ぶらで楽《たの》しんでください。

　でも、もしもルーペがあれば、より一層植物《いっそうしょくぶつ》を楽《たの》しめるようになることはまちがいありません。はじめに使《つか》うなら、手《て》でにぎって持《も》つタイプの虫《むし》メガネが使《つか》いやすいと思《おも》います。

　また、スマートフォンやタブレットを持《も》っている人《ひと》がいれば、そのカメラにクリップでくっつけるマクロレンズが便利《べんり》です。これを使《つか》うと、簡《かん》単《たん》に拡大写真《かくだいしゃしん》をとることができます。100円《えん》ショップなどで気軽《きがる》に買《か》えるのでおすすめです。

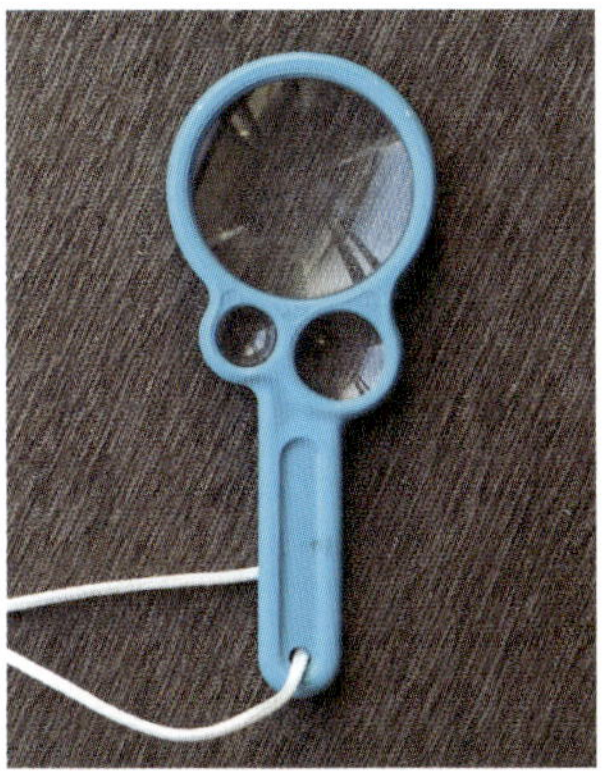

もくじ

春《はる》

さぁ、それではさっそく植物《しょくぶつ》観察《かんさつ》をはじめましょう！
春《はる》の楽《たの》しみは、なんといっても花《はな》です。
アスファルトやブロックでほ装《そう》された道《みち》でも、
どこかに必《かなら》ず植物《しょくぶつ》は生《は》えていて、花《はな》を咲《さ》かせています。
まずは、身近《みぢか》な場所《ばしょ》の植物《しょくぶつ》に気持《きも》ちを寄《よ》せること。
そこからスタートしてみてください。

3月《がつ》

植物観察《しょくぶつかんさつ》はカンタン！まずは「形《かたち》」に注目《ちゅうもく》しよう

植物観察《しょくぶつかんさつ》は、花《はな》を愛《め》でるだけでも十分《じゅうぶん》ですが、その「形《かたち》」に注目《ちゅうもく》すると、ぐっと楽《たの》しみが増《ま》します。ホトケノザとヒメオドリコソウを例《れい》に、春《はる》の観察《かんさつ》をはじめてみましょう。

1

2

左《ひだり》がホトケノザで、右《みぎ》がヒメオドリコソウ（青《あお》い花《はな》はオオイヌノフグリ）。

ホトケノザとヒメオドリコソウは、「どちらもよく似《に》ていて、見分《みわ》けられない」といわれることが多《おお》い草花《くさばな》です。おそらく、似《に》ていると感《かん》じる理由《りゆう》は、その花《はな》の姿《すがた》にあると思《おも》います。

まずは、写真《しゃしん》を見《み》てください。1がホトケノザで、2がヒメオドリコソウ。花《はな》を真正面《ましょうめん》から見《み》ると、どちらも紫色《むらさきいろ》をしていて、花《はな》の下《した》の部分《ぶぶん》が2つに割《わ》れながら前方《ぜんぽう》につき出《で》てくる形《かたち》をしています。これだけを見《み》れば、確《たし》かにこの2種類《しゅるい》は似《に》ているかもしれません。

ちがうところ見《み》つけた！

では、花《はな》だけでなく、ほかの部分《ぶぶん》を見《み》ると、どうでしょうか。下《した》の写真《しゃしん》に書《か》き込《こ》んだ通《とお》り、葉《は》っぱの形《かたち》や、そのつき方《かた》、花《はな》の出方《でかた》などにちがいが見《み》つかります。これなら、この2種類《しゅるい》は別物《べつもの》なんだ、と納得《なっとく》できるのではないでしょうか。「形《かたち》」に注目《ちゅうもく》して、植物《しょくぶつ》の個性《こせい》を見《み》つけていくこと。植物観察《しょくぶつかんさつ》では、これがとても大切《たいせつ》です。

花《はな》は、葉《は》っぱにかくれて頭《あたま》だけ出《だ》す
三角形《さんかくけい》の葉《は》っぱ
葉《は》っぱがびっしりつき、茎《くき》が見《み》えない

ヒメオドリコソウ

花《はな》は、葉《は》っぱの上《うえ》に飛《と》び出《で》る
ギザギザの葉《は》っぱ
葉《は》っぱと葉《は》っぱの間《あいだ》にすき間《ま》があるので茎《くき》が見《み》える

ホトケノザ

なので、この2種類《しゅるい》が似《に》ていると感《かん》じることは、じつは当然《とうぜん》のことです。

雄《お》しべと雌《め》しべはどんな形《かたち》？

　ホトケノザの花《はな》の頭《あたま》を指《ゆび》で動《うご》かすと、中《なか》からオレンジ色《いろ》の花粉《かふん》がついた雄《お》しべが出《で》てきます。花《はな》の蜜《みつ》を吸《す》いに来《き》た虫《むし》には、この花粉《かふん》がくっつきます。

　この雄《お》しべの中《なか》には雌《め》しべもかくされているので、花《はな》から花《はな》へと飛《と》び移《うつ》る虫《むし》は、知《し》らずのうちに花粉《かふん》を運《はこ》び、ほかの花《はな》の雌《め》しべにくっつけることになる、というわけです。雄《お》しべと雌《め》しべも「形《かたち》」を見《み》れば、見分《みわ》けられますね。

　植物《しょくぶつ》に近《ちか》づいて「よく見《み》る」。どんな植物《しょくぶつ》でもいいので、まずはそこからはじめてみてください。

色《いろ》や模様《もよう》にも注目《ちゅうもく》！

　こうして細《こま》かいところまで観察《かんさつ》していると、途中《とちゅう》でいろいろなことが気《き》になってきます。たとえば、ホトケノザの花《はな》についた、濃《こ》い紫色《むらさきいろ》の斑点《はんてん》のこと。

　なんだか困《こま》った顔《かお》をした犬《いぬ》のように見《み》えますが、じつはこれは単《たん》なる模様《もよう》ではなく、ある効果《こうか》をもつと考《かんが》えられています[3]。

　ホトケノザを横《よこ》から見《み》ると、細長《ほそなが》くのびた花《はな》のつけ根《ね》に、蜜《みつ》が入《はい》っていることがわかります[4]。

　じつは、この花《はな》についている犬《いぬ》のような模《も》様《よう》には、「この先《さき》に蜜《みつ》があるよ」と、虫《むし》に知《し》らせるための効果《こうか》があるのです（このような模《も》様《よう》のことを、「ネクターガイド」といいます）。

3

4

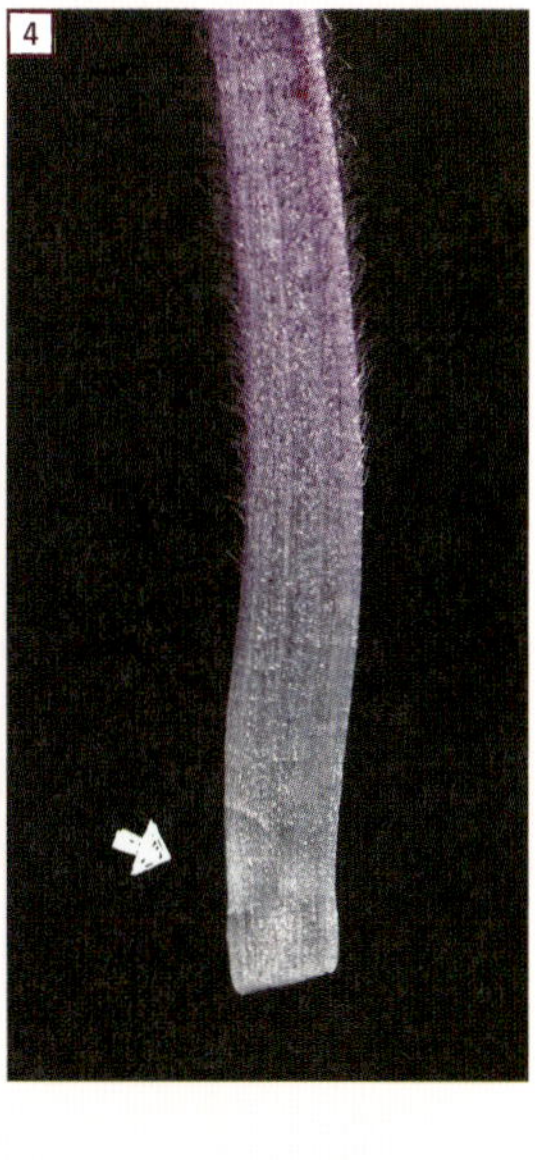

おまけ情報《じょうほう》　ちなみに、ホトケノザとヒメオドリコソウは、どちらも「シソ科《か》オドリコソウ属《ぞく》」というグループに入《はい》っています。

草《くさ》を探《さが》してみよう！

スミレ（スミレ科《か》）

ノボロギク（キク科《か》）

アスファルトのすき間《ま》などによく生《は》える草《くさ》。黄色《きいろ》い花《はな》がついています。

ジグザグの葉《は》っぱが特徴《とくちょう》なので、これを覚《おぼ》えて探《さが》してみましょう

ヤエムグラ（アカネ科《か》）

葉《は》っぱが１か所《しょ》からたくさん出《で》る姿《すがた》が個性的《こせいてき》（正確《せいかく》にいうと、本当《ほんとう》の葉《は》っぱは２枚《まい》だけで、残《のこ》りは托葉《たくよう》という、葉《は》っぱの付属品《ふぞくひん》）。

カラスノエンドウ（ヤハズエンドウ）（マメ科《か》）

赤紫色《あかむらさきいろ》の花《はな》を真正面《ましょうめん》から見《み》ると、まるでチョウのような形《かたち》をしています。こうした花《はな》は、蝶形花《ちょうけいか》と呼《よ》ばれます。これはマメ科《か》の植物《しょくぶつ》の花《はな》の特徴《とくちょう》です。

3月《がつ》「形《かたち》」に注目《ちゅうもく》して、

タチツボスミレ（スミレ科《か》）

スミレよりもうすい紫色《むらさきいろ》の花《はな》で、真《ま》ん中《なか》が白《しろ》くなります。ハート形《がた》の葉《は》っぱも特徴《とくちょう》です。スミレの仲間《なかま》を見分《みわ》けるのはむずかしいので、花《はな》の後《うし》ろの距《きょ》を見《み》つけたら、まずは「スミレの仲間《なかま》かな？」と大《おお》きくとらえるところからはじめてみてください。ちゃんと調《しら》べたい方《かた》は『スミレハンドブック』（文一総合《ぶんいちそうごう》出版《しゅっぱん》）がおすすめです。

花《はな》の後《うし》ろを見《み》ると、ちょこんと後《うし》ろに飛《と》び出《で》た部分《ぶぶん》があります。これは「距《きょ》」と呼《よ》ばれるもので、スミレの仲《なか》間《ま》はみんなこれをもっています。距《きょ》の中《なか》には蜜《みつ》が入《はい》っているので、それを求《もと》めて虫《むし》がやってきます。その際《さい》、虫《むし》は花《はな》の中《なか》の花粉《かふん》をくっつけて、ほかの花《はな》に運《はこ》んでくれることになります。

スズメノエンドウ（マメ科《か》）

カラスノエンドウの近《ちか》くで、小《ちい》さなマメ科《か》の花《はな》を見《み》つけたら、それはスズメノエンドウかもしれません。大《おお》きなカラスに対《たい》して、小《ちい》さいスズメです。やっぱりチョウのような形《かたち》の花《はな》をしています。

茎《くき》や葉《は》っぱに細《こま》かいトゲがたくさんついているので、洋服《ようふく》にペタっとくっつきます。

ショカツサイ（アブラナ科《か》）

公園《こうえん》の緑地《りょくち》や線路沿《せんろぞ》いによく生《は》えています。大《おお》きな紫色《むらさきいろ》の花《はな》びらが４枚《まい》つく姿《すがた》が目立《めだ》つため、見分《みわ》けやすい植物《しょくぶつ》です。ハナダイコン、オオアラセイトウ、ムラサキハナナなど、さまざまな別名《べつめい》があります。

キュウリグサ（ムラサキ科《か》）

茎《くき》の先端《せんたん》を見《み》ると、小《ちい》さなつぼみがたくさんあり、クルクル巻《ま》いています。それが咲《さ》けばほら！ 水色《みずいろ》の中《なか》に黄色《きいろ》のリングがついた、なんとも愛《あい》らしい花《はな》がその姿《すがた》を現《あらわ》します。

花《はな》が咲《さ》くにつれて、茎《くき》がどんどんのびていくので、最後《さいご》には左《ひだり》の写真《しゃしん》のような姿《すがた》になるのもおもしろいです。

タチイヌノフグリ（オオバコ科《か》）

オオイヌノフグリの仲間《なかま》ですが、花《はな》がとても小《ちい》さいので、咲《さ》いていてもなかなか気《き》づけません。でもこれも、街《まち》のすき間《ま》や空《あ》き地《ち》によく生《は》えています。10～20センチメートルほどの高《たか》さに直立《ちょくりつ》し、緑色《みどりいろ》の葉《は》っぱを細《こま》かくつける姿《すがた》が特徴《とくちょう》です。

オオイヌノフグリ（オオバコ科《か》）

青空《あおぞら》みたいな花《はな》の色《いろ》が特徴的《とくちょうてき》なオオイヌノフグリ。花《はな》を横《よこ》から見《み》ると、２本《ほん》の雄《お》しべが左右《さゆう》に開《ひら》いているものと、２本《ほん》の雄《お》しべが中央《ちゅうおう》にパタンと閉《と》じているものがあります。咲《さ》きはじめの花《はな》は、雄《お》しべを開《ひら》いて虫《むし》に花粉《かふん》をくっつける姿勢《しせい》で、咲《さ》き終《お》わりになると雄《お》しべを真《ま》ん中《なか》に閉《と》じて、自分《じぶん》の花粉《かふん》を自分《じぶん》にくっつけます。植物《しょくぶつ》も、よく見《み》ると意外《いがい》とよく動《うご》いているのだということがわかります。

ハナニラ（ヒガンバナ科《か》）

星《ほし》のような形《かたち》の花《はな》が目立《めだ》ち、葉《は》っぱがニラのようなので、ハナニラと名前《なまえ》がつきました。葉《は》っぱのにおいもニラそのものですが、まったくの別種《べっしゅ》。人《ひと》には有毒《ゆうどく》なので、決《けっ》して口《くち》にしないようにしてください。晴《は》れの日《ひ》は、花《はな》を横《よこ》や上向《うえむ》きに開《ひら》きますが、くもりや雨《あめ》の日《ひ》にはうつむいています。

植物《しょくぶつ》の「形《かたち》」を観察《かんさつ》すると、さまざまな発見《はっけん》をすることができます。はじめは、植物《しょくぶつ》の名前《なまえ》がわからなくても大丈夫《だいじょうぶ》。花《はな》びらがハート形《がた》をしているなぁとか、葉《は》っぱがスプーンみたいな形《かたち》をしているぞ、といったような簡単《かんたん》な観察《かんさつ》からはじめてみてください。

フラサバソウ（オオバコ科《か》）

こちらもオオイヌノフグリの仲間《なかま》。花《はな》の色《いろ》と形《かたち》はよく似《に》ていますが、葉《は》っぱやがくに毛《け》が多《おお》いので、それをヒントにすれば見分《みわ》けるのは簡単《かんたん》です。アスファルトの道路沿《どうろぞ》いではあまり見《み》ませんが、公園《こうえん》の緑地《りょくち》にたくさん生《は》えていることがあります。

4月《がつ》

植《しょく》物《ぶつ》はどこで生《い》きている？

身近《みぢか》な場所《ばしょ》で植物《しょくぶつ》を観察《かんさつ》するときには、どこに行《い》くといいでしょうか。その答《こた》えは、「どこでもOK《おっけー》！」。学校《がっこう》に行《い》く道《みち》の途中《とちゅう》や、友《とも》だちと遊《あそ》ぶ公園《こうえん》など、どんなところでも植物《しょくぶつ》は楽《たの》しめます。

身近《みぢか》な植物《しょくぶつ》として、まず探《さが》してみてほしいのがハマツメクサです。この草《くさ》は、アスファルトほ装《そう》の道《みち》のすき間《ま》を埋《う》めるようにしてよく生《は》えているので、いろいろな場所《ばしょ》で見《み》つけることができます[1]。葉《は》っぱが鳥《とり》の爪《つめ》のような形《かたち》をしていて、4～6月《がつ》ごろに白《しろ》くきれいな花《はな》を咲《さ》かせます[2]。地味《じみ》な草《くさ》ですが、街《まち》の植物《しょくぶつ》の代表選手《だいひょうせんしゅ》です。

人《ひと》がふんでも平気《へいき》なの？

足《あし》もとに咲《さ》くハマツメクサを見《み》ていると、人《ひと》にふまれても平気《へいき》なの？　と心配《しんぱい》になります。そこで、ためしにブロックのすき間《ま》に生《は》えているハマツメクサ[3]を[4]のように指《ゆび》で押《お》さえつけてみました。

すると、ハマツメクサは茎《くき》ごとすき間《ま》に入《はい》り込《こ》み、葉《は》っぱも花《はな》も地面《じめん》に押《お》しつけることができません。指《ゆび》をはなしても、[5]のようになんのダメージもないように見《み》えます。このように、道《みち》のすき間《ま》に生《は》えるような草《くさ》は、ふまれても大丈夫《だいじょうぶ》というより、そもそも人《ひと》にふまれないような体《からだ》の形《かたち》になっていることが多《おお》いのです。

たとえばオニタビラコのように葉《は》っぱが地際《ちぎわ》で放射状《ほうしゃじょう》に広《ひろ》がる草《くさ》でも、すき間《ま》に生《は》えていれば、人《ひと》がふもうとしたってふめません[6][7]。

ら「花《はな》に注目《ちゅうもく》！」がポイントになります。

人《ひと》にふまれないところではどうなる？

今度《こんど》は、人《ひと》があまりふまない場所《ばしょ》でハマツメクサを探《さが》してみます。街《まち》なかでもかべ沿《ぞ》いに生《は》えている草《くさ》は、人《ひと》にふまれにくくなります。そこでは、ハマツメクサは茎《くき》を長《なが》くのばした姿《すがた》になっています。すき間《ま》に生《は》えるハマツメクサとは、雰囲気《ふんいき》が大《おお》きく異《こと》なります8。

じつは草《くさ》の多《おお》くは、自分《じぶん》が生《い》きる環境《かんきょう》に合《あ》わせて、体《からだ》の形《かたち》を変《か》えることができます。人《ひと》がよく歩《ある》く場所《ばしょ》では、すき間《ま》に合《あ》わせた姿《すがた》になり、人《ひと》にふまれない場所《ばしょ》では、のびのび生《い》きるのです。これは、街《まち》でも草《くさ》が生《い》きていける秘密《ひみつ》のひとつといえます。

街《まち》なかの人《ひと》がふまないところといえば

草《くさ》は人《ひと》がふめない場所《ばしょ》によく生《は》えます。アスファルトのすき間《まい》以外《がい》では、ガードレールの支柱《しちゅう》の下《した》や、かべについた住宅《じゅうたく》からの排水《はいすい》溝《こう》の中《なか》、また意外《いがい》な場所《ばしょ》としては、公園《こうえん》のすべり台《だい》の下《した》などが草《くさ》の居《い》場所《ばしょ》になっていることがあります。皆《みな》さんの身近《みぢか》な場所《ばしょ》でもぜひ探《さが》してみてください。

おまけ情報《じょうほう》 草《くさ》は、環境《かんきょう》に合《あ》わせて姿《すがた》を変《か》えますが、花《はな》の形《かたち》はあまり変《か》わらないことが多《おお》いです。なので、草《くさ》を調《しら》べるな

ノミノツヅリ（ナデシコ科《か》）

生《は》える場所《ばしょ》によって雰囲気《ふんいき》が大《おお》きく変《か》わる草《くさ》です。すき間《ま》ではひょろひょろ生《は》えているのに、人《ひと》にふまれにくい場所《ばしょ》ではこんもりと山《やま》のような姿《すがた》になります。葉《は》っぱも花《はな》もとても小《ちい》さいので、茎《くき》のほうがよく目立《めだ》つという独特《どくとく》な雰囲気《ふんいき》をもっています。

ミチタネツケバナ（アブラナ科《か》）

ブロックの目地《めじ》やベンチの下《した》など、街《まち》のあちこちで見《み》かけます。地際《ちぎわ》に羽《はね》のような形《かたち》をした葉《は》っぱを広《ひろ》げ、茎《くき》のてっぺんに白《しろ》く小《ちい》さな花《はな》をたくさんつける姿《すがた》が特徴的《とくちょうてき》です。

地《ち》で草《くさ》を探《さが》そう！

セリバヒエンソウ（キンポウゲ科《か》）

セリに似《に》た葉《は》っぱをもち、ツバメが飛《と》んでいるような花《はな》の姿《すがた》なので、この名前《なまえ》がつきました（ヒエンソウを漢字《かんじ》で書《か》くと、飛燕草《ひえんそう》です）。9ページで、スミレの仲間《なかま》には花《はな》の後《うし》ろに「距《きょ》」があると書《か》きましたが、これはスミレだけの特徴《とくちょう》ではありません。セリバヒエンソウにも距《きょ》があるので、確《たし》かめてみてください。

ナズナ（アブラナ科《か》）

すき間《ま》でも空《あ》き地《ち》でもよく見《み》る草《くさ》です。茎《くき》のてっぺんに白《しろ》く小《ちい》さな花《はな》をたくさん咲《さ》かせていますが、それよりもハート形《がた》の果実《かじつ》が個性的《こせいてき》なので、これをヒントに探《さが》すのが簡単《かんたん》です。

オランダミミナグサ（ナデシコ科《か》）

すき間《ま》に生《は》えることも多《おお》いですが、空《あ》き地《ち》などでもよく見《み》る植物《しょくぶつ》です。茎《くき》から対《つい》になって出《て》る葉《は》っぱに毛《け》がたくさん生《は》えているので、そのフワフワな手《て》ざわりが見分《みわ》けのヒントになります。白《しろ》い花《はな》びらの先端《せんたん》が２つに分《わ》かれているところがかわいらしいです。

4月《がつ》 すき間《ま》や空《あ》き

ツタバウンラン（オオバコ科《か》）

ツタのような形《かたち》の葉《は》っぱと、うさぎの耳《みみ》がぴょんと立《た》ったような花《はな》の姿《すがた》が愛《あい》らしいです。道路《どうろ》沿《ぞ》いのかべにはりつくようにして生《は》えていることがよくあります。この花《はな》の後《うし》ろにも距《きょ》がついています。

ハハコグサ（キク科《か》）

茎《くき》の先《さき》に小《ちい》さな黄色《きいろ》い花《はな》が集《あつ》まって咲《さ》く姿《すがた》が特徴《とくちょう》です。葉《は》っぱにやわらかい毛《け》がたくさん生《は》えていることにも注目《ちゅうもく》。ふわふわしてとても気持《きも》ちいいので、ぜひ触《さわ》ってみてください。

オニタビラコ（キク科《か》）

地際《ちぎわ》に葉《は》っぱを広《ひろ》げ、その中心《ちゅうしん》から花《はな》の茎《くき》をのばし、そのてっぺんに黄色《きいろ》の花《はな》を咲《さ》かせます。この立《た》ち姿《すがた》そのものが特徴的《とくちょうてき》です。すき間《ま》よりも、車道《しゃどう》と歩道《ほどう》の段差《だんさ》や、建物《たてもの》のかべ沿《ぞ》いなどでよく見《み》ます。

カキドオシ（シソ科《か》）

ヘビイチゴ（バラ科《か》）

このギザギザしたものが副《ふく》がく片《へん》

小《ちい》さなイチゴのような果実《かじつ》がなるヘビイチゴ。比較的《ひかくてき》わかりやすい植物《しょくぶつ》だとは思《おも》いますが、じつは場所《ばしょ》によってはヤブヘビイチゴという別《べつ》の種類《しゅるい》が生《は》えていることもあります。全体的《ぜんたいてき》に小《ちい》さいのがヘビイチゴで、大《おお》きいのがヤブヘビイチゴなので、雰囲気《ふんいき》からでも見分《みわ》けられますが、花《はな》を正面《しょうめん》から見《み》ると、よりちがいがわかりやすくなります。この２種類《しゅるい》は、花《はな》の後《うし》ろにある「がく」の、さらに後《うし》ろに「副《ふく》がく片《へん》」というものがつきます。ヘビイチゴは、その副《ふく》がく片《へん》が花《はな》びらにかくれて見《み》えないのに対《たい》し、ヤブヘビイチゴの花《はな》を正面《しょうめん》から見《み》ると、黄色《きいろ》い花《はな》びらの後《うし》ろにある副《ふく》がく片《へん》が見《み》えます。これをヒントにすると、両者《りょうしゃ》を見分《みわ》けやすくなります。

ハルジオン（キク科《か》）

茎《くき》が30～100センチメートルほどに立《た》ち上《あ》がり、その先端《せんたん》に白《しろ》い花《はな》をたくさんつけます。よく似《に》た花《はな》にヒメジョオンがありますが、4月《がつ》にはまだ咲《さ》きません。なので、この季節《きせつ》に見《み》たら、まずハルジオンと思《おも》って大丈夫《だいじょうぶ》です。

5月中旬以降《がつちゅうじゅんいこう》は、ハルジオンとヒメジョオンの両方《りょうほう》が咲《さ》くときがあります。そんなときは茎《くき》を強《つよ》く触《さわ》って確《たし》かめる方法《ほうほう》があります。ハルジオンの茎《くき》は空洞《くうどう》でやわらかいのに対《たい》し、ヒメジョオンの茎《くき》は中身《なかみ》がつまっているのでかたいのです。

土《つち》なんてないように見《み》える街《まち》なかでも、すき間《ま》には土《つち》があります。そこに種子《しゅし》がたどり着《つ》けば、草《くさ》は芽生《めば》えることができます。それでは、その土《つち》にはどのようにして種子《しゅし》が運《はこ》ばれるのでしょうか。また、どうやって水《みず》を得《え》ているのでしょうか。そんなことを考《かんが》えていくと、観察《かんさつ》がどんどん楽《たの》しくなっていきます。

シャガ（アヤメ科《か》）

公園《こうえん》の木陰《こかげ》などに生《は》えることがあるシャガ。わざわざ言葉《ことば》にしなくても、花《はな》の見《み》た目《め》がとても個性的《こせいてき》なので、ぱっと見《み》の印象《いんしょう》ですぐに見分《みわ》けることができます。

うすい紫色《むらさきいろ》の花《はな》で、下《した》の花《はな》びらに濃《こ》い紫色《むらさきいろ》の斑点《はんてん》がつきます。葉《は》っぱの縁《ふち》につくギザギザが丸《まる》っこく、どことなくやさしい雰囲気《ふんいき》がただよう草《くさ》です。葉《は》っぱからはミントのようなよい香《かお》りがするので、確《たし》かめてみてください。道《みち》ばたや公園《こうえん》の緑地《りょくち》など、さまざまなところで見《み》かけます。

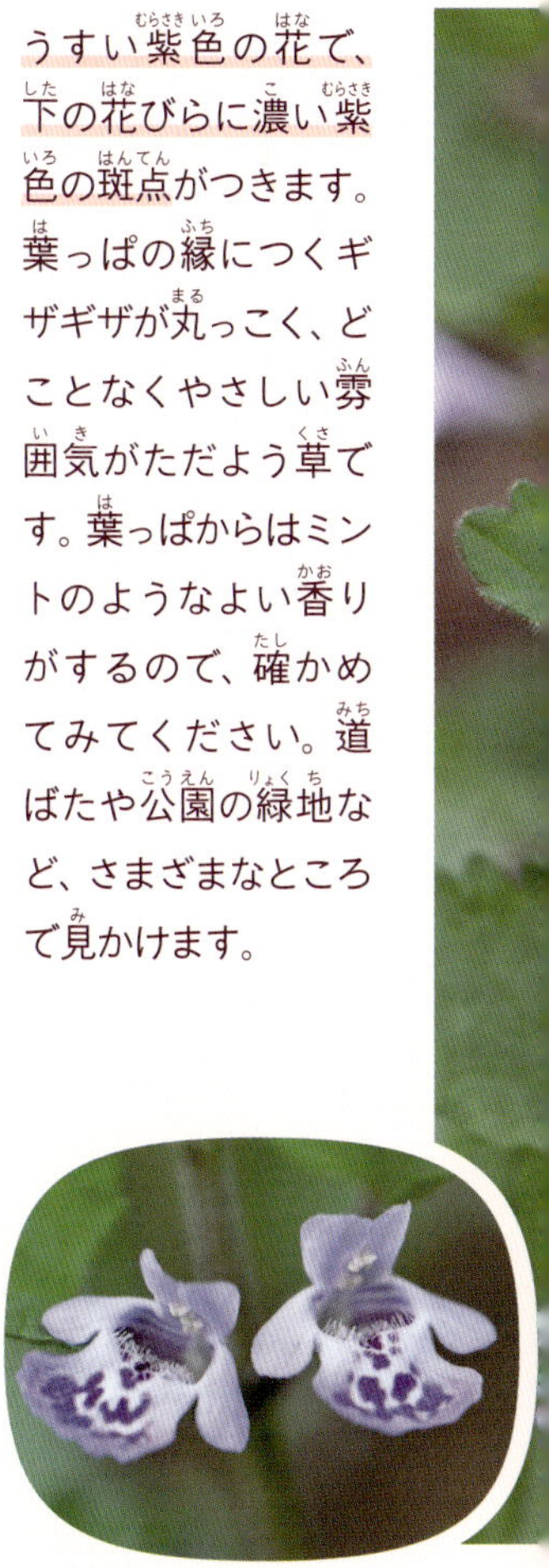

5月《がつ》

えっ、もう果実《かじつ》になっているの!?

果実《かじつ》と種子《しゅし》の観察《かんさつ》といえば、秋《あき》にするものというイメージが強《つよ》いかもしれませんが、じつは5月《がつ》になればもう多《おお》くの草《くさ》が果実《かじつ》や種子《しゅし》をつけています。植物《しょくぶつ》は姿《すがた》をどんどん変《か》えていきます。その変化《へんか》をお見《み》のがしなく！

3月《がつ》に赤紫色《あかむらさきいろ》の花《はな》を咲《さ》かせていたカラスノエンドウ（ヤハズエンドウ）1。8ページで、このチョウのような花《はな》の形《かたち》は、マメ科《か》の植物《しょくぶつ》の特徴《とくちょう》だとお伝《つた》えしました。本当《ほんとう》にそうなのか、5月《がつ》にはその答《こた》え合《あ》わせをすることができます。その方法《ほうほう》は簡単《かんたん》。果実《かじつ》を探《さが》せばいいのです。

緑色《みどりいろ》のマメが入《はい》ってた！

5月《がつ》ごろのカラスノエンドウを見《み》ると、緑色《みどりいろ》の果実《かじつ》が見《み》つかります。野菜《やさい》の絹《きぬ》さやのような姿《すがた》です2。さらに探《さが》すと、果実《かじつ》がぷっくりふくれたものも見《み》つかるので、このさやをあけると、ほら！　中《なか》に緑色《みどりいろ》のマメがたくさん入《はい》っていました3。これでもうまちがいありません。やっぱりカラスノエンドウはマメの仲間《なかま》だったのです。

黒《くろ》い果実《かじつ》を発見《はっけん》!

さらに探《さが》すと、今度《こんど》は真《ま》っ黒《くろ》になった果実《かじつ》が見《み》つかります。手触《てざわ》りはかたく、カサカサにかんそうしています。これがあったら、ぜひその先端《せんたん》を指《ゆび》でつまんでみてください。すると、カラスノエンドウの果実《かじつ》はその瞬間《しゅんかん》にすばやくはじけ、なにかがパチパチっと飛《と》び出《だ》してきます4 5 6。

4

5

6

飛《と》び出《だ》したのは、種子《しゅし》だった

今度《こんど》は、中身《なかみ》が飛《と》ばないように慎重《しんちょう》に黒《くろ》い果実《かじつ》を割《わ》ってみます。すると、その中《なか》には黒《くろ》いまだら模様《もよう》の種子《しゅし》がたくさん入《はい》っていました。さきほど果実《かじつ》の中《なか》から飛《と》び出《だ》したのは、この種子《しゅし》だったようです。カラスノエンドウの果実《かじつ》は、黒《くろ》く熟《じゅく》してかんそうすると、ちょっとした振動《しんどう》でさやがクルっとすばやくひっくり返《かえ》ります。すると、その勢《いきお》いで中《なか》の種子《しゅし》が飛《と》んでいくという仕組《しく》みになっています7 8。

ということは、あそこに生《は》えているカラスノエンドウも、ここに生《は》えているものも、もともとはみんなどこかから飛《と》んできたものなのかもしれません。それをイメージすると、なんだか愉快《ゆかい》な気持《きも》ちになってきます。

7

8

おまけ情報《じょうほう》　カラスノエンドウの種子《しゅし》が飛《と》ぶ距離《きょり》を測《はか》ってみたことがあります。なんと3メートル56センチも飛《と》んでいました。

オッタチカタバミ（カタバミ科《か》）

3枚《まい》セットのハート形《がた》の葉《は》っぱが特徴《とくちょう》のカタバミの仲間《なかま》。黄色《きいろ》い花《はな》が咲《さ》いたあとは、細長《ほそなが》い緑色《みどりいろ》の果実《かじつ》になります。熟《じゅく》した果実《かじつ》をつまむと、プチプチプチっとすごい勢《いきお》いで種子《しゅし》がたくさん飛《と》び出《だ》してきます。

アメリカフウロ（フウロソウ科《か》）

春《はる》にはうすい赤紫色《あかむらさきいろ》の花《はな》を咲《さ》かせていたアメリカフウロは、5月《がつ》には黒《くろ》く細長《ほそなが》い三角形《さんかくけい》の塔《とう》のような姿《すがた》に変《か》わります。この塔《とう》はかんそうすると根《ね》もとからプチっと一瞬《いっしゅん》で反《そ》り返《かえ》るようになっていて、その勢《いきお》いで中《なか》にある種子《しゅし》が飛《と》ぶ仕組《しく》みになっています。

種子《しゅし》を探《さが》そう！

スミレ（スミレ科《か》）

9ページで見《み》たスミレも、5月《がつ》にはもう果実《かじつ》になっています。熟《じゅく》した果実《かじつ》は晴《は》れた日《ひ》の午前《ごぜん》に3つに分《わ》かれるように開《ひら》き、びっしりとつまった種子《しゅし》を見《み》せてくれます。3つに分《わ》かれたさや状《じょう》の部分《ぶぶん》がかんそうすると、中《なか》の種子《しゅし》がさやに押《お》され、ポンポンと飛《と》び出《だ》していきます。

ナガミヒナゲシ（ケシ科《か》）

オレンジ色《いろ》の花《はな》をつけるヒナゲシの仲間《なかま》。花《はな》が終《お》わると細長《ほそなが》い果実《かじつ》をつけ、その上部《じょうぶ》に窓《まど》のような穴《あな》が開《ひら》きます。そこから種子《しゅし》がポロポロこぼれ出《で》ていきます。種子《しゅし》の数《かず》はとても多《おお》く、3000個《こ》近《ちか》く入《はい》っていることも。

5月《がつ》 草《くさ》の果実《かじつ》と

ムラサキケマン（ケシ科《か》）

細長《ほそなが》い筒《つつ》のような紫色《むらさきいろ》の花《はな》を咲《さ》かせるムラサキケマン。花《はな》を咲《さ》かせたそばから続々《ぞくぞく》と果実《かじつ》になります。熟《じゅく》した果実《かじつ》をつまむと、プチっと勢《いきお》いよくさけて、中《なか》から種子《しゅし》が飛《と》び出《だ》します。

植物《しょくぶつ》は、地面《じめん》に根《ね》っこを下《お》ろしたら、そこから移動《いどう》しないで生《い》きていきます。これは、あちこち移動《いどう》して生《い》きるわたしたちとの大《おお》きなちがいです。でも、植物《しょくぶつ》にも移動《いどう》するチャンスがあります。それが果実《かじつ》や種子《しゅし》になったときです。このときに、植物《しょくぶつ》は親《おや》からはなれ、新天地《しんてんち》へと旅立《たびだ》つのです。

クサノオウ（ケシ科《か》）

まがりくねった緑色《みどりいろ》の雌《め》しべが特徴《とくちょう》のクサノオウ。細長《ほそなが》い果実《かじつ》の中《なか》には、白《しろ》いおまけがついた種子《しゅし》が入《はい》っています。この白《しろ》いものにはアリが好《す》きな物質《ぶっしつ》がふくまれているので、地面《じめん》に落《お》ちた種子《しゅし》をアリが巣《す》へと運《はこ》びます。つまり、クサノオウはアリに種子《しゅし》を運《はこ》んでもらって移動《いどう》するのです。スミレやムラサキケマンの種子《しゅし》にもこの白《しろ》い物質《ぶっしつ》がついています。

アリが好《す》きな物質《ぶっしつ》がふくまれているところ

コラム1 見《み》分《わ》けにチャレンジ!

3月《がつ》(6ページ)の観察《かんさつ》を参考《さんこう》に、よく似《に》た植物《しょくぶつ》の見《み》分《わ》けに挑戦《ちょうせん》してみましょう!

セイヨウタンポポとブタナ

左《ひだり》がセイヨウタンポポで、右《みぎ》がブタナ。花《はな》はどちらもそっくりなので、今度《こんど》は花《はな》の茎《くき》(花《か》茎《けい》)を見《み》てみましょう。

セイヨウタンポポ(左《ひだり》)は、花茎《かけい》が1本《ぽん》すらっとのびていますが、ブタナ(右《みぎ》)の花茎《かけい》は途中《とちゅう》で何回《なんかい》も枝分《えだわ》かれします。

ノゲシとオニノゲシ

左《ひだり》がノゲシで、右《みぎ》がオニノゲシの花《はな》。どちらもそっくりで、花《はな》を見《み》るだけではなかなか見分《みわ》けられません。そんなときは、葉《は》っぱに注目《ちゅうもく》してみましょう。

左《ひだり》がノゲシで、右《みぎ》がオニノゲシ。どちらも、葉《は》っぱのつけ根《ね》が茎《くき》の反対側《はんたいがわ》に出《で》っ張《ぱ》っていることが特徴《とくちょう》です。その部分《ぶぶん》をよく見《み》ると、

ノゲシは茎《くき》の反対側《はんたいがわ》に葉《は》っぱのつけ根《ね》がのびているだけですが、オニノゲシは葉《は》っぱのつけ根《ね》が茎《くき》をくるっとまわってまた戻《もど》ってきていることがわかります。

図鑑《ずかん》には、植物《しょくぶつ》の特徴《とくちょう》が書《か》いてあるので、それを見《み》ながら見分《みわ》けにチャレンジしてみてください!

夏《なつ》

暑《あつ》い季節《きせつ》になりました。
熱中症《ねっちゅうしょう》には十分《じゅうぶん》に気《き》をつけないといけません。
なので、わたしはこの時期《じき》は朝《あさ》と夜《よる》によく植物観察《しょくぶつかんさつ》をしています。
人《ひと》があまり活動《かつどう》していない時間《じかん》に咲《さ》く植物《しょくぶつ》を見《み》つけると、
この世界《せかい》には人《ひと》だけではなく、ほかの命《いのち》も生《い》きているのだなぁ、と
不思議《ふしぎ》な気持《きも》ちになることがあります。
ひっそりと咲《さ》く植物《しょくぶつ》にも、目《め》を向《む》けていきましょう。

6月《がつ》

花《はな》の仕《し》組《く》みを観《かん》察《さつ》してみよう！

6月《がつ》になると、春《はる》の植物《しょくぶつ》ラッシュはひと段落《だんらく》。咲《さ》く花《はな》が少《すく》なくなってくるので、ひとつひとつの草《くさ》を時間《じかん》をかけて観察《かんさつ》する余《よ》ゆうが出《で》てきます。6月《がつ》はちょっと落《お》ち着《つ》いて、花《はな》をじっくり見《み》てみましょう。

花《はな》といえば、つい目立《めだ》つものを探《さが》してしまいますが、草《くさ》の中《なか》にはまるで目立《めだ》たない花《はな》を咲《さ》かせるものがあります。オオバコがそのよい例《れい》です1。

6月《がつ》のオオバコを見《み》ていると、花茎《かけい》（花《はな》だけがつく茎《くき》）の先《さき》につく穂《ほ》にはいろいろなパターンがあることがわかります。2のようにすっきりした印象《いんしょう》のものや、3のように花茎《かけい》のまわりにうすい紫色《むらさきいろ》の点々《てんてん》が多《おお》くついているものなどです。ぱっと見《み》ではわかりにくいですが、じつはこの両方《りょうほう》に花《はな》が咲《さ》いています。

雌《め》しべと雄《お》しべを探《さが》してみる

まず、2の花茎《かけい》を拡大《かくだい》すると、小《ちい》さな緑色《みどりいろ》の粒《つぶ》がたくさん見《み》えます4。このひとつひとつが花《はな》なので、オオバコの花茎《かけい》には小《ちい》さな花《はな》がたくさん穂状《ほじょう》になってついていることがわかります。そして、この花《はな》には白《しろ》いギザギザの雌《め》しべが出《で》ているのもわかります。

それでは続《つづ》いて3の花茎《かけい》に近《ちか》づいてみます。すると今度《こんど》は、うすい紫色《むらさきいろ》の粒々《つぶつぶ》がたくさん確認《かくにん》できました5。こちらは雄《お》しべです。

これで、2の花茎《かけい》には雌《め》しべを出《だ》した花《はな》が、3の花茎《かけい》には、雄《お》しべを出《だ》した花《はな》が咲《さ》いていることがわかりました。

ています。どうしてでしょうか。その秘密《ひみつ》は、52ページにて！

雌《め》しべと雄《お》しべ、どっちもついている花茎《かけい》もあった

観察《かんさつ》をしていたら、気《き》になるものを見《み》つけました。6と7の写真《しゃしん》を見《み》てください。このオオバコの場合《ばあい》は、穂《ほ》の上《うえ》のほうには雌《め》しべを出《だ》した花《はな》がついているのに、いちばん下《した》の花《はな》からは雌《め》しべと雄《お》しべの両方《りょうほう》が出《で》てきているのです。これは一体《いったい》どういうことでしょうか。

7

雌《め》しべだけ出《で》ている
雌《め》しべと雄《お》しべが両方《りょうほう》出《で》ている

6

ひとつの花《はな》で雌《め》しべと雄《お》しべが出《で》てくるタイミングをずらす

じつはオオバコは、ひとつの花《はな》の中《なか》で、まずは雌《め》しべを出《だ》し、続《つづ》いて時間差《じかんさ》で雄《お》しべを出《だ》すという仕組《しく》みをもっています。そしてこの際《さい》、穂《ほ》の下《した》から上《うえ》に向《む》かって開花《かいか》が進《すす》んでいきます。なのでオオバコの花茎《かけい》は、見《み》るタイミングによって雰囲気《ふんいき》が異《こと》なるのです8。

ひとつの花《はな》の中《なか》で、雌《め》しべと雄《お》しべが熟《じゅく》すタイミングがずれることを「雌雄異熟《しゆういじゅく》」といいます。こうなっていれば、自分《じぶん》の花《はな》の中《なか》ではなく、ほかの花《はな》と受粉《じゅふん》するチャンスが増《ふ》えるというわけです。

8

雌《め》しべだけ出《で》ている花《はな》
雌《め》しべと雄《お》しべが出《で》ている花《はな》
咲《さ》き終《お》わった花《はな》
下《した》から上《うえ》へ咲《さ》き進《すす》む

目立《めだ》たない花《はな》でも、よく観察《かんさつ》するといろいろなことがわかります。次《つぎ》のページで、6月《がつ》に観察《かんさつ》するとおもしろい花《はな》を紹介《しょうかい》するので、皆《みな》さんなりの視点《してん》で楽《たの》しんでみてください。

おまけ情報《じょうほう》 12～13ページで、草《くさ》はふまれないように生《い》きていると書《か》きましたが、オオバコはふまれるようにして生《い》き

ネジバナ（ラン科《か》）

公園《こうえん》の広場《ひろば》などで咲《さ》くネジバナ。身近《みぢか》な環境《かんきょう》で見《み》られる植物《しょくぶつ》としてはめずらしいラン科《か》です。ラン科《か》の花《はな》は、小《ちい》さな花粉《かふん》が集《あつ》まった花粉塊《かふんかい》というものをもつことが特徴《とくちょう》。虫《むし》になった気持《きも》ちで、花《はな》の中《なか》に細《ほそ》い棒《ぼう》をつっ込《こ》むと、花《か》粉塊《ふんかい》を取《と》ることができます。

タチアオイ（アオイ科《か》）

梅雨《つゆ》のころに咲《さ》きはじめ、梅雨《つゆ》が終《お》わるころに咲《さ》き終《お》わることから、ツユアオイの別名《べつめい》があります。花《はな》の中《ちゅう》心部《しんぶ》を観察《かんさつ》すると、花《はな》の咲《さ》きはじめは雄《お》しべしか出《で》ていないのに、咲《さ》き終《お》わりには雌《め》しべが出《で》てきていることがわかります。これも雌《し》雄異熟《ゆういじゅく》です。

雄《お》しべの集《あつ》まりの中《なか》から雌《め》しべが出《で》てきた

雄《お》しべだけ出《で》ている

観察《かんさつ》したい草《くさ》

ムラサキツメクサ（マメ科《か》）

うすい紫色《むらさきいろ》の花《はな》を咲《さ》かせるムラサキツメクサ。近《ちか》づいてみると、じつは小《ちい》さな花《はな》の集合《しゅうごう》体《たい》であることがわかります。小《ちい》さな花《はな》でも、集《あつ》まって咲《さ》けば大《おお》きく目立《めだ》ち、虫《むし》に見《み》つけてもらいやすくなる効果《こうか》がありそうです。

これがひとつの花《はな》

キキョウ（キキョウ科《か》）

6月《がつ》から9月《がつ》ころにかけて咲《さ》くキキョウ。庭《にわ》などに植《う》えられていることがよくあります。これも花《はな》の咲《さ》きはじめは雄《お》しべが出《で》ていて、咲《さ》き終《お》わりに雌《め》しべが熟《じゅく》す、雌雄異《しゆうい》熟《じゅく》の花《はな》です。

雌《め》しべが出《で》てきた

雄《お》しべだけ出《で》ている

6月《がつ》　花《はな》の作《つく》りを

雄《お》しべと雌《め》しべが熟《じゅく》すタイミングがずれたり、小《ちい》さな花《はな》の集合体《しゅうごうたい》だったりと、植物《しょくぶつ》の花《はな》は、その種類《しゅるい》によってさまざまな作《つく》りをしています。それを観察《かんさつ》していると、植物《しょくぶつ》の多様《たよう》な生《い》き方《かた》が見《み》えてきます。

カラスビシャク（サトイモ科《か》）

雄花《おばな》の集《あつ》まり
雌花《めばな》の集《あつ》まり

花粉塊《かふんかい》

探《さが》そうとすると見《み》つからないのに、ちょっとした空《あ》き地《ち》などにひょっこり生《は》えていることがあるカラスビシャク。不思議《ふしぎ》な見《み》た目《め》をしていますが、じつは緑《みどり》色《いろ》のカバーを開《あ》けてみると、その中《なか》には雌花《めばな》と雄花《おばな》がたくさんついています。

ドクダミ（ドクダミ科《か》）

白《しろ》い花《はな》びら状《じょう》のものはじつは花《はな》びらではなく、総苞片《そうほうへん》と呼《よ》ばれる葉《は》っぱが白《しろ》く変化《へんか》したものです。ドクダミは小《ちい》さな花《はな》の集合《しゅうごう》体《たい》で、雄《お》しべと雌《め》しべだけをもつ花《はな》を真《ま》ん中《なか》に集《あつ》めて黄色《きいろ》い塔《とう》のような姿《すがた》になっています。小《ちい》さな花《はな》を集《あつ》め、そのまわりの葉《は》っぱを白《しろ》くすれば、まるでひとつの大《おお》きな花《はな》が咲《さ》いているように見《み》えます。

総苞片《そうほうへん》

雄《お》しべ
雌《め》しべ

7月《がつ》

草《くさ》が生《い》きる「形《かたち》」にもちがいがある

ここまでは、花《はな》や果実《かじつ》に注目《ちゅうもく》して観察《かんさつ》してきました。7月《がつ》はちょっと視点《してん》を変《か》えて、「草全体《くさぜんたい》の形《かたち》」を見《み》ていきます。というのも、この時期《じき》になるとこれまであまり見《み》なかった「つる植物《しょくぶつ》」をよく見《み》るようになるからです。

3月《がつ》の終《お》わりに、近所《きんじょ》の空《あ》き地《ち》でヤブカラシを見《み》つけました1。漢字《かんじ》で書《か》くと、「藪枯《やぶか》らし」。ほかの植物《しょくぶつ》の上《うえ》におおいかぶさるようにして成長《せいちょう》するので、こんな名前《なまえ》がついています。

でも、出《で》てきたばかりのときは、これでどうやってやぶを枯《か》らすの？　と思《おも》うような見《み》た目《め》をしています。7月《がつ》になったらもう一度《いちど》、探《さが》してみましょう。

植《う》え込《こ》みをおおってた！

鳥《とり》の足《あし》の指《ゆび》の配置《はいち》のような姿《すがた》をした葉《は》っぱと2、黄色《きいろ》やオレンジ色《いろ》の細《こま》かい花《はな》を目印《めじるし》に探《さが》すと34、ヤブカラシはすぐに見《み》つかります。5のように、サツキの植《う》え込《こ》みから顔《かお》を出《だ》した状態《じょうたい》ならまだかわいいものですが、中《なか》には6のように、植《う》え込《こ》みの上《うえ》までのびているものもあります。そして7になると、もうサツキの姿《すがた》は見《み》えず、ヤブカラシしか見《み》えなくなっています。ヤブカラシがサツキの上《うえ》をおおいつくしてしまったのです。

枯《か》らしたところを見《み》たことがありません。皆《みな》さんの近《ちか》くではどうでしょうか。

やぶを枯《か》らす秘密《ひみつ》は巻《ま》きひげ

サツキをおおってしまうほどのすごい成長力《せいちょうりょく》におどろかされますが、この秘密《ひみつ》は、ヤブカラシの茎《くき》にあります。植物《しょくぶつ》の茎《くき》は、自分《じぶん》で直立《ちょくりつ》して体《からだ》を支《ささ》えるものですが、中《なか》にはひょろひょろ長《なが》くのびていき、自分《じぶん》では立《た》っていられなくなる茎《くき》もあります。これを「つる」といいます。つる植物《しょくぶつ》は、このつるを使《つか》ってほかの植物《しょくぶつ》やフェンスなどにつかまってのびていきます。ヤブカラシの場合《ばあい》は、つるから巻《ま》きひげを出《だ》し、それでなにかにつかまりながらのびていくのです8。

ヤブカラシの巻《ま》きひげ。

つるの巻《ま》きつき方《かた》

つる植物《しょくぶつ》は、他者《たしゃ》につかまりながらのびるので、ほかの植物《しょくぶつ》が大《おお》きくなってから成長《せいちょう》を開始《かいし》します。なので、わたしたちがその存在《そんざい》に気《き》づきはじめるのは初夏以降《しょかいこう》になります。あとから追《お》い上《あ》げてきて、ほかの植物《しょくぶつ》の上《うえ》におおいかぶさり、日《ひ》の光《ひかり》を独《ひと》り占《じ》めする。すごい生《い》き方《かた》です。

つるの巻《ま》きつき方《かた》にはさまざまな方法《ほうほう》があります。ヘクソカズラなら、つる自体《じたい》が巻《ま》きつき9 10、カナムグラはつるについた小《ちい》さなトゲトゲで、他者《たしゃ》にひっかかりながらのびていきます11 12。フェンスなどにからみつくつるを見《み》つけたら、それがどのような方法《ほうほう》のつる植物《しょくぶつ》なのか、観察《かんさつ》してみてください。

おまけ情報《じょうほう》 ヤブカラシは確《たし》かにほかの植物《しょくぶつ》を枯《か》らしそうに見《み》えますが、わたしはまだ実際《じっさい》にヤブカラシがほかの植物《しょくぶつ》を

ロゼット型《がた》

セイヨウタンポポのように、葉《は》っぱを地面《じめん》すれすれに放射状《ほうしゃじょう》に出《だ》す植物《しょくぶつ》を「ロゼット植物《しょくぶつ》」と呼《よ》びます（くわしくは60～61ページ）。茎《くき》がとても短《みじか》く、人《ひと》にふまれても折《お》れることがないので、ロゼット型《がた》の植物《しょくぶつ》は、人《ひと》がよく歩《ある》くような場所《ばしょ》でも生《い》きていくことができます。ただし、自《じ》分《ぶん》よりも背《せ》の高《たか》い草《くさ》が近《ちか》くにあると、日《ひ》の光《ひかり》を集《あつ》められなくなるので、そういう場所《ばしょ》では生《い》きづらいようです。オオバコなどもロゼット型《がた》の植物《しょくぶつ》です。

セイヨウタンポポ

生《い》きる形《かたち》

つる植物《しょくぶつ》以外《いがい》では、どんな生《い》きる形《かたち》があるでしょうか。パターン分《わ》けして、代表的《だいひょうてき》なものを紹介《しょうかい》します。

スズメノカタビラ

直立型《ちょくりつがた》

タケニグサ

ヒメジョオン

人《ひと》があまり立《た》ち入《い》らないような空《あ》き地《ち》などに行《い》くと、ヒメジョオンのように茎《くき》を真《ま》っすぐにのばした直立型《ちょくりつがた》の草《くさ》をよく見《み》るようになります。茎《くき》を地《ち》上高《じょうたか》くにのばして葉《は》っぱをつければ、日《ひ》の光《ひかり》を多《おお》く集《あつ》めることができ、成《せい》長《ちょう》に有利《ゆうり》です。ただし、人《ひと》にふまれると茎《くき》がポキっと折《お》れてしまうので、人《ひと》がよく歩《ある》く場所《ばしょ》では生《い》きにくいようです。タケニグサのように2メートルをこすほど大《おお》きな直立型《ちょくりつがた》の草《くさ》もあります。

分枝型《ぶんしがた》

茎《くき》が根《ね》もとのほうでよく分《わ》かれるような姿《すがた》をした草《くさ》を「分枝型《ぶんしがた》」といいます。枝分《えだわ》かれが多《おお》いために、はっきりとした中心《ちゅうしん》の茎《くき》がわかりにくいのが特徴《とくちょう》です。スベリヒユなどは、芽生《めば》えてからすぐに枝《えだ》を広《ひろ》く横《よこ》にのばすので、分枝《ぶんし》型《がた》の植物《しょくぶつ》は、自分《じぶん》の陣地《じんち》をすばやく拡大《かくだい》するのに有利《ゆうり》になりそうです。コニシキソウなどもわかりやすい分枝型《ぶんしがた》です。

スベリヒユの芽生《めば》え。

根《ね》もとからどんどん枝分《えだわ》かれしてのびていくスベリヒユ。

草《くさ》の生《い》きる形《かたち》のどのパターンにも、メリットとデメリットがあります。もっともすぐれた形《かたち》というものはないので、その環境《かんきょう》にどの形《かたち》が適《てき》しているのか、という視点《してん》をもって考《かんが》えてみてください。

ほふく型《がた》

茎《くき》が横《よこ》にのび、まるでほふく前進《ぜんしん》をしていくように成長《せいちょう》する植物《しょくぶつ》を「ほふく型《がた》」といいます。身近《みぢか》な場所《ばしょ》ではシロツメクサがあります。横《よこ》にのびた茎《くき》を見《み》ると、その途中《とちゅう》から根《ね》っこが出《で》てきていて、それで地面《じめん》とつながっていることがわかります。人《ひと》がふんで茎《くき》が折《お》れても、茎《くき》のあちこちが地面《じめん》とつながっているため、茎《くき》が切《き》れても生《い》きていくことができます。ヘビイチゴやシバの仲間《なかま》がほふく型《がた》の植物《しょくぶつ》です。

シロツメクサ

▶地面《じめん》を横《よこ》にはうほふく茎《けい》。途中《とちゅう》から根《ね》っこが出《で》ている。

7月《がつ》 さまざまな草《くさ》の

そうせい型《がた》

根《ね》もとからたくさんの茎《くき》を出《だ》し、こんもりとした小山《こやま》のような姿《すがた》を作《つく》る草《くさ》は「そうせい型《がた》」と呼《よ》ばれます。そうせい型《がた》の特徴《とくちょう》は、とにかくふみつけに強《つよ》いこと。また、根《ね》っこがたくさん出《で》ていることが多《おお》く、なかなか引《ひ》っこ抜《ぬ》くこともできません。スズメノカタビラやオヒシバなど、イネ科《か》の植物《しょくぶつ》に多《おお》い型《かた》です。

スズメノカタビラ

ワルナスビ（ナス科《か》）

空《あ》き地《ち》に生《は》える姿《すがた》をよく見《み》ますが、街路《がいろ》樹《じゅ》の植《う》え升《ます》や、植《う》え込《こ》みの下《した》などでも見《み》ることがあります。見《み》た目《め》は野菜《やさい》のナスのようで、葉《は》っぱや茎《くき》に鋭《するど》いトゲがたくさんついていることが特徴《とくちょう》です。触《さわ》り方《かた》によってはケガをするくらいのトゲなので、注意《ちゅうい》して確《たし》かめてみてください。花《はな》は紫色《むらさきいろ》のこともあります。

ムラサキツユクサ（ツユクサ科《か》）

5月《がつ》ごろから7月《がつ》くらいまで次々《つぎつぎ》に咲《さ》き続《つづ》けています。紫色《むらさきいろ》の花《はな》びらが目《め》立《だ》つので、覚《おぼ》えやすい草《くさ》だと思《おも》います。この花《はな》は雄《お》しべに細《こま》かい毛《け》がびっしり生《は》えることが特《とく》徴《ちょう》。花《はな》に横《よこ》からぐっと近《ちか》づくと、あっとおどろく作《つく》りをしています。

観《かん》察《さつ》しよう

春《はる》に比《くら》べると少《すく》なくなりますが、夏《なつ》に花《はな》を咲《さ》かせる草《くさ》もあります。熱中症《ねっちゅうしょう》に気《き》をつけつつ、探《さが》してみてください。

コヒルガオ（ヒルガオ科《か》）

フェンスに巻《ま》きついたり、植《う》え込《こ》みをおおうように育《そだ》つ姿《すがた》をよく見《み》ます。アサガオの花《はな》のような形《かたち》をしたうすいピンク色《いろ》の花《はな》なので、咲《さ》いていればよくわかります。朝《あさ》に咲《さ》き、昼《ひる》にはしぼむアサガオとちがい、コヒルガオは昼《ひる》も咲《さ》いています。

花《はな》の柄《え》がギザギザしているのが特徴《とくちょう》。

もし、花《はな》の柄《え》がつるっとしていたら、それはヒルガオの可能性《かのうせい》があります。

ゴウシュウアリタソウ（ヒユ科《か》）

道《みち》のすき間《ま》によく生《は》える草《くさ》です。地味《じみ》な存在《そんざい》ではありますが、生《は》える環境《かんきょう》に応《おう》じて姿《すがた》を変《か》えることが得意《とくい》な草《くさ》なので、一度《いちど》知《し》ればさまざまなすき間《ま》で見《み》るようになります。ギザギザの葉《は》っぱの形《かたち》が個性的《こせいてき》で、ルーペを使《つか》わないと分《わ》からないくらい小《ちい》さな花《はな》が咲《さ》きます。

7月《がつ》 夏《なつ》に咲《さ》く花《はな》も

ヨウシュヤマゴボウ（ヤマゴボウ科《か》）

道《みち》ばたでも空《あ》き地《ち》でも見《み》つかる草《くさ》です。環境《かんきょう》が合《あ》えば草丈《くさたけ》2メートル以上《いじょう》になることもあり、全体《ぜんたい》の見《み》た目《め》に迫力《はくりょく》があります。草《くさ》の大《おお》きさのわりに小《ちい》さな花《はな》に近《ちか》づくと、意外《いがい》と繊《せん》細《さい》な美《うつく》しさに出会《であ》うことができます。

ホタルブクロ（キキョウ科《か》）

花《はな》にホタルを入《い》れて遊《あそ》んだことからホタルブクロ。本当《ほんとう》にそうして遊《あそ》んだのかはわかりませんが、確《たし》かに何《なに》かを入《い》れられそうな花《はな》の形《かたち》をしています。花色《はないろ》は白《しろ》から紫《むらさき》までさまざまです。

8月《がつ》 花《はな》が開《ひら》く時刻《じこく》を確《たし》かめてみよう！

昼間《ひるま》、外《そと》で活動《かつどう》するのがたいへんな季節《きせつ》になりました。どうやらそれは植物《しょくぶつ》も同《おな》じなようで、夏《なつ》は、日中《にっちゅう》ではなく、朝《あさ》か夕方《ゆうがた》に動《うご》き出《だ》すものが多《おお》くいます。今月《こんげつ》は、花《はな》が咲《さ》く時刻《じこく》に注目《ちゅうもく》してみましょう。

まずは、すずし気《げ》な青色《あおいろ》の花《はな》が特徴《とくちょう》のツユクサから。よく知《し》られた草《くさ》なので、初夏《しょか》から秋《あき》にかけてはいつでも咲《さ》いているイメージがありますが、じつはツユクサを午後《ごご》に見《み》に行《い》くと、1のようにすでに咲《さ》き終《お》わってしまっています。ツユクサは、いつ咲《さ》いているのでしょうか。

1

ひとつの花《はな》を、つぼみから開花《かいか》、花《はな》が閉《と》じるまでずっと観察《かんさつ》してみました。すると結果《けっか》は、2～9のような感《かん》じに。

5時《じ》30分《ふん》に咲《さ》きはじめ、14時《じ》30分《ふん》に閉《と》じた

＼観察《かんさつ》スタート！／

2
04:51

3
つぼみが開《ひら》きはじめる
05:36

4
05:45

5
05:58

6
全開《ぜんかい》
06:20

7
花《はな》が閉《と》じはじめる
12:48

8
13:28

9
完全《かんぜん》に閉《と》じた
14:37

どうやらツユクサの花《はな》は早朝《そうちょう》に開《ひら》きはじめ、お昼過《ひるす》ぎには閉《と》じはじめるようです。

ハナアブがやってきた

10

朝《あさ》、開花《かいか》したばかりのツユクサを見《み》ていたら、ハナアブの仲間《なかま》がやってきました10。ツユクサの花粉《かふん》を集《あつ》めているようです。暑《あつ》い季節《きせつ》は、虫《むし》も日中《にっちゅう》はあまり活動《かつどう》せず、朝夕《あさゆう》のすずしい時間《じかん》によく動《うご》きます。なので、ツユクサが朝《あさ》のすずしい時間《じかん》だけしか花《はな》を咲《さ》かせなくても、受粉《じゅふん》するという花《はな》の役目《やくめ》は十分《じゅうぶん》に果《は》たせているようです。

夕方《ゆうがた》にはカラスウリ

今度《こんど》は、夕方《ゆうがた》に花《はな》を探《さが》してみます。身近《みぢか》な場所《ばしょ》でぜひ探《さが》してほしいのはカラスウリ。つる植物《しょくぶつ》なので、フェンスなどでよく見《み》ます11。夕方《ゆうがた》から花《はな》のつぼみを見守《みまも》っていると、30分《ぷん》から1時間《じかん》ほどかけて、花《はな》が開《ひら》く様子《ようす》を観察《かんさつ》することができます12〜18。

11

12

観察《かんさつ》スタート!

13

14

15

16

17

18

開花後《かいかご》も見守《みまも》っていると、スズメガの仲間《なかま》が花《はな》を訪《たず》ねにやってきます19 20。スズメガの多《おお》くは夜《よる》に活動《かつどう》するので、夜《よる》に咲《さ》くカラスウリはスズメガに花粉《かふん》を運《はこ》んでもらっているようです。

19

20

おまけ情報《じょうほう》　ツユクサの開花時刻《かいかじこく》は季節《きせつ》によって変《か》わるので、秋《あき》は午後《ごご》に咲《さ》いていることもあります。

8月《がつ》 この花《はな》はいつ咲《さ》く?

夏《なつ》の朝《あさ》や夕方《ゆうがた》以降《いこう》に咲《さ》く花《はな》は、ほかにもあります。それぞれが何時《なんじ》に咲《さ》くのかを、8月《がつ》に確《たし》かめてみました。

02:46

アサガオ
(ヒルガオ科《か》)

朝《あさ》に花《はな》が咲《さ》くので「アサガオ」と名前《なまえ》がつきました。本当《ほんとう》に朝《あさ》に咲《さ》くのか観察《かんさつ》してみると、うちの庭《にわ》のアサガオは3時《じ》37分《ふん》に開《ひら》きはじめ、4時《じ》54分《ふん》に開花《かいか》しました。太陽《たいよう》がのぼるころにちょうど花《はな》が開《ひら》く、まさに朝《あさ》の顔《かお》であることがわかりました。

17:01

16:21

オシロイバナ
(オシロイバナ科《か》)

英名《えいめい》は「Four o'clock」(4時《じ》)といいます。名前《なまえ》が示《しめ》すように、オシロイバナは16時《じ》ごろに開花《かいか》します。わたしが観察《かんさつ》したところ、花《はな》によって咲《さ》く時刻《じこく》はバラバラで、早《はや》いものは15時《じ》くらいから、ゆっくりなものは17時《じ》くらいから咲《さ》きはじめました。

20時《じ》25分《ふん》38秒《びょう》

20時《じ》24分《ふん》30秒《びょう》

開《ひら》きはじめた。

夕方《ゆうがた》にはつぼみ。

メマツヨイグサ
(アカバナ科《か》)

夜《よる》に咲《さ》く花《はな》です。だいたい20時《じ》くらいに見《み》に行《い》くと、いまにも開《ひら》きそうなつぼみが見《み》つかるので、それをじっと見守《みまも》ってください。すると、あるとき突然《とつぜん》、つぼみがポンっとはじけ、一気《いっき》に花《はな》が開《ひら》きます。たった1～2分《ふん》で全開《ぜんかい》になるので、その開花《かいか》のスピードにはおどろかされます。

04:54
04:06
03:50
03:37

19:19
17:41
17:08

雄《お》しべと雌《め》しべものびた。

花《はな》は全開《ぜんかい》。でも雄《お》しべと雌《め》しべがまだのびていない。

花《はな》の開花《かいか》時刻《じこく》に注目《ちゅうもく》して観察《かんさつ》していると、花《はな》と虫《むし》のつながりなど、いろいろなことが見《み》えてきます。身近《みぢか》な植物《しょくぶつ》の開花《かいか》時刻《じこく》調《しら》べ、ぜひ挑戦《ちょうせん》してみてください。

20時《じ》26分《ふん》32秒《びょう》
20時《じ》25分《ふん》58秒《びょう》

夜中《よなか》、ずっと咲《さ》き続《つづ》ける。

たったの2分《ふん》で全開《ぜんかい》に!

コラム2

街《まち》には外国《がいこく》の植物《しょくぶつ》が多《おお》い？

ハルジオン。

よく似《に》たヒメジョオンも「日本《にほん》の侵略的外来種《しんりゃくてきがいらいしゅ》ワースト100」の植物《しょくぶつ》。

この本《ほん》で登場《とうじょう》する99種類《しゅるい》の植物《しょくぶつ》の内訳《うちわけ》は、日本《にほん》の植物《しょくぶつ》が49種《しゅ》で、外国《がいこく》の植物《しょくぶつ》が50種《しゅ》です。わたしが勝手《かって》に選《えら》んだ種類《しゅるい》なので、正確《せいかく》な比率《ひりつ》ではありませんが、街《まち》には外国《がいこく》の植物《しょくぶつ》が多《おお》いことがわかります。

理由《りゆう》はさまざまあります。たとえばアスファルトの道《みち》は、きょくたんに乾燥《かんそう》していて、栄養《えいよう》も少《すく》ないです。なので、街《まち》で生《い》きるには、こうしたストレスへの強《つよ》さが必要《ひつよう》です。また、街《まち》の地面《じめん》は道路工事《どうろこうじ》などで、いつ土《つち》がひっくり返《かえ》されるかわからない、不安定《ふあんてい》な環境《かんきょう》です。こうした場所《ばしょ》では、短《みじか》いサイクルで花《はな》を咲《さ》かせ、すぐに種子《しゅし》を飛《と》ばす植物《しょくぶつ》が有利《ゆうり》です。生《い》きる場所《ばしょ》が失《うしな》われても、種子《しゅし》がどこかに漂《ただよ》っていれば、また新天地《しんてんち》を見《み》つけられるからです。

このように、街《まち》には街《まち》の環境《かんきょう》があり、それに適《てき》した植物《しょくぶつ》が生《い》きています。外国《がいこく》の植物《しょくぶつ》のなかで、街《まち》で生《い》きるのに必要《ひつよう》な性質《せいしつ》をもったものが、いまわたしたちの身近《みぢか》な環境《かんきょう》で多《おお》く生《い》きているというわけです（日本《にほん》の植物《しょくぶつ》でも、街《まち》で生《い》きていけるものもいます）。

それらが、日本《にほん》の生物《せいぶつ》とうまくいっしょに生《い》きられるといいのですが、中《なか》にはその居《い》場所《ばしょ》をうばうものもいます。たとえばハルジオンは、日本《にほん》生態学会《せいたいがっかい》が選定《せんてい》した「日本《にほん》の侵略的外来種《しんりゃくてきがいらいしゅ》ワースト１００」に選《えら》ばれています。ハルジオンの花《はな》はかわいいですが、じつはそんな一面《いちめん》もあるのです。

こんなことを知《し》ると、ついハルジオンを悪者《わるもの》あつかいしそうになりますが、それにも注意《ちゅうい》が必要《ひつよう》です。なぜならハルジオンは１９２０年《ねん》ごろに日本《にほん》に園芸植物《えんげいしょくぶつ》としてやってきた植物《しょくぶつ》だからです。人《ひと》が連《つ》れてきたのに悪者《わるもの》にするなんて、なんとも身勝手《みがって》です。なのでこの問題《もんだい》は、命《いのち》の善悪《ぜんあく》で考《かんが》えるのではなく、どういう影響《えいきょう》があるのかという視点《してん》で考《かんが》えるといいのかなと思《おも》います。（コラム４に続《つづ》きます）

※日本生態学会《にほんせいたいがっかい》の「日本《にほん》の侵略的外来種《しんりゃくてきがいらいしゅ》ワースト100」は『外来種《がいらいしゅ》ハンドブック』（地人書館《ちじんしょかん》）参照《さんしょう》。また、環境省《かんきょうしょう》の「特定外来生物《とくていがいらいせいぶつ》」（https://www.env.go.jp/nature/intro/2outline/list.html）のリストは、インターネットでも見《み》ることができます。興味《きょうみ》のある人《ひと》は調《しら》べてみてください。

秋《あき》

秋《あき》は、とってもいそがしい季節《きせつ》です。
なんといっても、花《はな》と果実《かじつ》のどちらも多《おお》く見《み》られるからです。
テーマをしぼることがむずかしいので、
見《み》つけたものからどんどん観察《かんさつ》していきましょう。
静《しず》かな冬《ふゆ》がくる前《まえ》に、たくさん楽《たの》しんでおきたいです。

9月《がつ》

植物《しょくぶつ》にも夏休《なつやす》みがある？

長《なが》い夏休《なつやす》みが終《お》わり、新学期《しんがっき》になりました。じつは植物《しょくぶつ》の世界《せかい》にも夏休《なつやす》みがあることを知《し》っていますか？　9月《がつ》は、夏休《なつやす》み明《あ》けの植物《しょくぶつ》に会《あ》いにいきましょう！

今回《こんかい》、観察《かんさつ》したいのはタンポポの仲間《なかま》です。まず、1と2を見《み》てください。1がカントウタンポポで、2がセイヨウタンポポです。花《はな》の見《み》た目《め》はそっくりですが、黄色《きいろ》い花《はな》を包《つつ》む緑色《みどりいろ》の総苞片《そうほうへん》と呼《よ》ばれる部分《ぶぶん》にちがいがあります。3 4の写真《しゃしん》に書《か》き込《こ》んだので、確認《かくにん》してみてください。

また、季節《きせつ》によってはもっと簡単《かんたん》に見分《みわ》けることができます。セイヨウタンポポは一年中開花《いちねんじゅうかいか》しているのに対《たい》し、カントウタンポポは4月《がつ》ごろにしか花《はな》が咲《さ》きません。

1

2

3
ここに少《すこ》しだけふくらみがある
ここが反《そ》り返《かえ》らない

カントウタンポポ。

4
ここが反《そ》り返《かえ》る

セイヨウタンポポ。

夏《なつ》に姿《すがた》を消《け》すカントウタンポポ

それでは、4月《がつ》に花《はな》を咲《さ》かせたあとのカントウタンポポはどうしているのでしょうか。時期《じき》を変《か》えて観察《かんさつ》してみました。カントウタンポポを探《さが》すときは、草地《くさち》が多《おお》く、広《ひろ》い公園《こうえん》に行《い》くことがおすすめです。春《はる》に探《さが》せば、草地《くさち》の中《なか》で咲《さ》くカントウタンポポが見《み》つかるときがあります5。

この場所《ばしょ》を、6月《がつ》ごろにもう一度《いちど》訪《たず》ねてみます。すると、草地《くさち》の様子《ようす》は一変《いっぺん》。多《おお》くの草《くさ》が地面《じめん》をおおいつくしていました。草《くさ》をかき分《わ》けてカントウタンポポを

5

いため、見分《みわ》けるのになやむ個体《こたい》がたくさんあります。身近《みぢか》なのに、意外《いがい》とむずかしい存在《そんざい》です……。

探《さが》しても、どこにも見《み》つかりません。消《き》えてしまいました……6 7。

6

7

9月《がつ》と12月《がつ》に見《み》に行《い》くと

続《つづ》いて、9月《がつ》にもう一度《いちど》、同《おな》じ場所《ばしょ》に行《い》ってみました。やはり草《くさ》が地面《じめん》をおおっているので、また草《くさ》をかき分《わ》けて探《さが》すと、なんと、今度《こんど》はカントウタンポポが見《み》つかりました。でも、とっても小《ちい》さな姿《すがた》です。どうやらカントウタンポポは、6月以降《がついこう》に一度《いちど》姿《すがた》を消《け》して地下《ちか》で過《す》ごし、9月《がつ》ごろにまた地上《ちじょう》に現《あらわ》れるようです8 9。

今度《こんど》はまた同《おな》じ場所《ばしょ》に12月《がつ》に行《い》ってみました。すると、葉《は》っぱの数《かず》が増《ふ》えたカントウタンポポがたくさん見《み》つかりました。9月《がつ》に姿《すがた》を現《あらわ》したあと、着々《ちゃくちゃく》と葉《は》っぱを増《ふ》やしていたようです。これだけ大《おお》きくなれば、また4月《がつ》に花《はな》を見《み》せてくれそうです10。

8

9

10

おまけ情報《じょうほう》 いま、セイヨウタンポポと、日本《にほん》にもともとあるタンポポは、それぞれが混《ま》ざり合《あ》った雑種《ざっしゅ》になっていることが多《おお》

夏休《なつやす》みをとるカントウタンポポ、夏休《なつやす》みをとらないセイヨウタンポポ

カントウタンポポが姿《すがた》を消《け》した6月《がつ》。この草地《くさち》の近《ちか》くを探《さが》していたら、アスファルトの道沿《みちぞ》いに生《は》えるセイヨウタンポポを見《み》つけました。こちらは夏《なつ》の間《あいだ》も姿《すがた》を消《け》さず、ずっと葉《は》っぱを出《だ》したままです11。

夏《なつ》に姿《すがた》を消《け》すカントウタンポポと、夏《なつ》も葉《は》っぱをつけ続《つづ》けるセイヨウタンポポ。両者《りょうしゃ》は生《い》き方《かた》が異《こと》なるようです。

簡単《かんたん》に考《かんが》えると、一年《いちねん》中《じゅう》葉《は》っぱを出《だ》すセイヨウタンポポのほうが、太陽《たいよう》の光《ひかり》で栄養《えいよう》を多《おお》く作《つく》れて有利《ゆうり》な生《い》き方《かた》のように感《かん》じます。実際《じっさい》にセイヨウタンポポのほうが強《つよ》い植《しょく》物《ぶつ》なのでしょうか。

どちらのほうがいい生《い》き方《かた》？

じつは、そうとも限《かぎ》りません。というのも、興味深《きょうみぶか》いことに、カントウタンポポが生《は》えていた草地《くさち》をいくら探《さが》してもセイヨウタンポポが見当《みあ》たらなかったのです。7月《がつ》で見《み》たように（30ページ）、タンポポはロゼット型《がた》といって、葉《は》っぱを地《ち》際《ぎわ》にべたっと出《だ》して生《い》きています。地上高《ちじょうたか》くにのばす茎《くき》をもたないので、その頭《ず》上《じょう》をほかの植物《しょくぶつ》におおわれてしまうと、太陽《たいよう》の光《ひかり》を集《あつ》めるのに不利《ふり》になります。

カントウタンポポは、初夏《しょか》に葉《は》っぱを消《け》すので、タンポポにとって光《ひかり》を集《あつ》めるのに不利《ふり》な季《き》節《せつ》をお休《やす》みして過《す》ごすことができます。でも、セイヨウタンポポは初夏《しょか》に葉《は》っぱを消《け》す生《い》き方《かた》をしていないので、草《くさ》地《ち》のように初夏《しょか》にほかの背《せ》丈《たけ》の高《たか》い草《くさ》が生《は》えるような場所《ばしょ》では生《い》きづらくなります。ですがその代《か》わりに、アスファルト沿《ぞ》いのように、ほかの草《くさ》が生《は》えず、夏《なつ》でも光《ひかり》を集《あつ》めやすい環境《かんきょう》であれば生《い》きていくことができます。

どちらのほうがいい生《い》き方《かた》ということはなく、その環境《かんきょう》にあったタンポポが生《い》きている、ということのようです。

地下《ちか》はどうなってる？

9月《がつ》に見《み》つけた、葉《は》っぱの数《かず》がまだ少《すく》ないカントウタンポポをほり返《かえ》してみました。途中《とちゅう》で切《き》れてしまいましたが、立派《りっぱ》な根《ね》っこがついていることがわかります。ここに栄養《えいよう》が貯《た》まっているので、夏《なつ》の間《あいだ》、地下《ちか》でお休《やす》みしていても復活《ふっかつ》することができるのです。

おまけ情報《じょうほう》　タンポポにはたくさんの種類《しゅるい》があります。『タンポポハンドブック』（文一総合出版《ぶんいちそうごうしゅっぱん》）がおすすめ！

9月《がつ》 夏《なつ》休《やす》みをとる草《くさ》を探《さが》そう

夏休《なつやす》みをとる草《くさ》は、カントウタンポポ以外《いがい》にもあります。花茎《かけい》をすっとのばし、その先端《せんたん》に花《はな》を咲《さ》かせるものが多《おお》いので、近《ちか》くで探《さが》してみてください。

ツルボ（クサスギカズラ科《か》）

20センチメートルほどの草丈《くさたけ》なので、あまり目立《めだ》ちませんが、公園《こうえん》の芝生《しばふ》や、土手《どて》などでよく見《み》かけます。9月《がつ》ごろに花《はな》と同時《どうじ》に葉《は》っぱを出《だ》し、冬《ふゆ》には地上《ちじょう》から姿《すがた》を消《け》します。また、春《はる》になると今度《こんど》は葉《は》っぱだけを出《だ》し、初夏《しょか》にまたいなくなるので、夏休《なつやす》みと冬休《ふゆやす》みをとるタイプです。

コルチカム（イヌサフラン科《か》）

園芸植物《えんげいしょくぶつ》として植《う》えられているので、庭《にわ》や花《か》だんなどで見《み》ます。やはり花茎《かけい》だけのばし、その先端《せんたん》に花《はな》を咲《さ》かせるので、よく目立《めだ》ちます。イヌサフランとも呼《よ》ばれます。おおよそキツネノカミソリと同《おな》じように生《い》きるので、これも夏《なつ》と冬《ふゆ》がお休《やす》みです。

ヒガンバナ（ヒガンバナ科《か》）

9月中旬《がつちゅうじゅん》ころ、突然《とつぜん》地上《ちじょう》に現《あらわ》れ、赤《あか》い花《はな》を咲《さ》かせます。花《はな》が枯《か》れるころに葉《は》っぱを出《だ》し、翌年《よくとし》の6月《がつ》ごろに一度《いちど》枯《か》れます。そしてまた9月《がつ》ごろに花《はな》が現《あらわ》れるので、7～8月《がつ》がお休《やす》みです。

キツネノカミソリ（ヒガンバナ科《か》）

ヒガンバナに姿《すがた》は似《に》ますが、花《はな》がオレンジ色《いろ》なので、簡単《かんたん》に見分《みわ》けられます。8月中旬《がつちゅうじゅん》のお盆《ぼん》過《す》ぎくらいから姿《すがた》を見《み》るようになります。大《おお》きい公園《こうえん》や、自然度《しぜんど》の高《たか》い場所《ばしょ》で見《み》かけます。花《はな》は咲《さ》き終《お》わると枯《か》れ、地上《ちじょう》から姿《すがた》を消《け》します。葉《は》っぱは早春《そうしゅん》に出《で》て、夏《なつ》には消《き》えるので、夏《なつ》と冬《ふゆ》の両方《りょうほう》を休《やす》むタイプです。

クズ（マメ科《か》）

初夏《しょか》ごろから急速《きゅうそく》にのびるつる植物《しょくぶつ》。夏以降《なついこう》に、濃《こ》い紫色《むらさきいろ》の花《はな》を咲《さ》かせます。よい香《かお》りがするので、見《み》つけたらぜひ香《かお》りを確《たし》かめてみてください。

キツネノマゴ（キツネノマゴ科《か》）

名前《なまえ》の由来《ゆらい》は、花《はな》がつく穂《ほ》がキツネのしっぽに似《に》ているから。なぜ孫《まご》なのかは不明《ふめい》ですが、孫《まご》くらい小《ちい》さな花《はな》という意《い》味《み》なのかなと思《おも》います。そこまで似《に》た姿《すがた》の草《くさ》はいないので、この立《た》ち姿《すがた》と、下《した》の花《はな》びらが大《おお》きい紫色《むらさきいろ》の花《はな》をヒントに探《さが》してみてください。

が次《つぎ》々《つぎ》に

夏《なつ》が終《お》わると、これまで見《み》なかった花《はな》がまた続々《ぞくぞく》と現《あらわ》れます。春《はる》に次《つ》ぐ花《はな》の季節《きせつ》なので、またいろいろと探《さが》してみてください。

ヤハズソウ（マメ科《か》）

公園《こうえん》の緑地《りょくち》などにたくさん生《は》えていることがあります。細《ほそ》長《なが》い葉《は》っぱが3つつく姿《すがた》が特《とく》徴《ちょう》ですが、それよりもわかりやすいのが葉《は》っぱのすじ（葉脈《ようみゃく》）です。葉《は》っぱの先端《せんたん》と付《つ》け根《ね》をつまんで縦《たて》に引《ひ》っ張《ぱ》ると、葉脈《ようみゃく》に沿《そ》ってV字形《じがた》に簡単《かんたん》に切《き》れます。ほかの草《くさ》にはない手応《てごた》えなので、これがいちばんわかりやすい特徴《とくちょう》かもしれません。夏《なつ》から秋《あき》にかけて、小《ちい》さな花《はな》を咲《さ》かせます。

ハゼラン（ハゼラン科《か》）

肉厚《にくあつ》な葉《は》っぱをもち、すらっと立《た》ち上《あ》がる花茎《かけい》の先端《せんたん》に濃《こ》いピンク～紫《むらさき》色《いろ》の花《はな》を咲《さ》かせます。午後《ごご》3時《じ》ごろに咲《さ》く習性《しゅうせい》があるので、サンジカという別名《べつめい》もあります。花《はな》が咲《さ》く前《まえ》は目立《めだ》ちませんが、花《はな》が咲《さ》くと見《み》つけやすくなります。初秋《しょしゅう》の道《みち》ばたでよく見《み》ます。

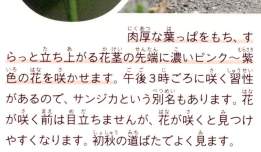

9月《がつ》 秋《あき》の草花《くさばな》

ニラ（ヒガンバナ科《か》）

野菜《やさい》のニラが、野生化《やせいか》して道《みち》ばたに生《は》えていることがあります。9月《がつ》ごろに咲《さ》く花《はな》が、星形《ほしがた》でとってもきれいです。

ノビル（ヒガンバナ科《か》）

ノビルも夏《なつ》に一度《いちど》、姿《すがた》を消《け》す植物《しょくぶつ》です。早《はや》ければ9月《がつ》下旬《げじゅん》ころから姿《すがた》を現《あらわ》し、翌年《よくねん》5、6月ごろに花《はな》を咲《さ》かせます。

ヒメムカシヨモギ（キク科《か》）

1メートルほどの草丈《くさたけ》で、遠《とお》くから見《み》るとどこに花《はな》が咲《さ》いているのかわかりにくい姿《すがた》をしています。ぐっと近《ちか》づくと、たくさん枝分《えだわ》かれした茎《くき》の先端《せんたん》に小《ちい》さな花《はな》が多《おお》く咲《さ》いているのがわかります。よく見《み》れば、白《しろ》い花《はな》びら（舌状花《ぜつじょうか》）が飛《と》び出《で》ていてきれいです。

10月《がつ》

小《ちい》さな花《はな》の作《つく》りを観察《かんさつ》しよう

暑《あつ》くも寒《さむ》くもない、植物観察《しょくぶつかんさつ》には絶好《ぜっこう》の季節《きせつ》です。秋《あき》の草花《くさばな》が続々《ぞくぞく》と咲《さ》く季節《きせつ》ですので、またいろいろな植物《しょくぶつ》を見《み》ていきましょう。10月《がつ》はまずこの花《はな》から！

ハキダメギクという名《な》前《まえ》の草《くさ》があります。漢字《かんじ》で書《か》くと「掃《は》き溜《だ》め菊《ぎく》」。世田谷《せたがや》の掃《は》き溜《だ》め（ゴミ捨《す》て場《ば》のこと）で見《み》つかったことからそう名《な》づけられました。なんとも残念《ざんねん》な名前《なまえ》のつけられ方《かた》ですが、秋《あき》はこの花《はな》がいろいろな場所《ばしょ》で咲《さ》いています。

姿《すがた》がコロコロ変《か》わる

ハキダメギクは、育《そだ》っていく途中《とちゅう》で見《み》た目《め》が大《おお》きく変《か》わります。草《くさ》丈《たけ》が低《ひく》いときは1のような姿《すがた》なのに、大《おお》きくなると2のようになるのです。また、環境《かんきょう》が悪《わる》いと3のようにたよりない姿《すがた》になっていることもあります。では、全体《ぜんたい》の姿《すがた》も葉《は》っぱの形《かたち》も変《か》わるのに、どうしてこれらがハキダメギクとわかるのでしょうか。

名前《なまえ》とは裏腹《うらはら》にかわいい花《はな》が咲《さ》く

ハキダメギクに限《かぎ》らず、草《くさ》はその生《は》える環境《かんきょう》や成長《せいちょう》の途中《とちゅう》で形《かたち》が変《か》わります（12〜13ページ）。ですが、花《はな》だけはいつもそこまで形《かたち》が変《か》わりません。なので、花《はな》に注目《ちゅうもく》すると草《くさ》の名前《なまえ》が調《しら》べやすくなります。

ハキダメギクの特徴《とくちょう》は、花《はな》のまわりに白《しろ》い花《はな》びらのようなものがついていて、それが3つに分《わ》かれているところ。どうでしょう。名前《なまえ》とは裏《うら》腹《はら》に、とってもかわいらしい姿《すがた》ではないでしょうか4。

また、アザミは筒状花《とうじょうか》のみで作《つく》られています。キク科《か》の花《はな》もさまざまです。

2種類《しゅるい》の花《はな》がついていた！

ハキダメギクはキク科《か》の植物《しょくぶつ》です。キク科《か》の花《はな》は、小《ちい》さな花《はな》が集合《しゅうごう》してできています。なので、花《はな》を分解《ぶんかい》すると、小《ちい》さなパーツに分《わ》けられます。ひとつひとつをばらしてみると、ハキダメギクには2種類《しゅるい》の花《はな》がついていることがわかります。ひとつが5。先端《せんたん》が3つに分《わ》かれた白《しろ》い部分《ぶぶん》をもつ花《はな》です。もうひとつが6。こちらは小《ちい》さな黄色《きいろ》い花《はな》です。

ばらしたものをまた円形《えんけい》に並《なら》べ直《なお》すと、7のようになります。花《はな》の中心《ちゅうしん》に黄色《きいろ》い花《はな》をたくさん集《あつ》め、その外側《そとがわ》を白《しろ》い花《はな》でかざっていることがわかります。これがハキダメギクの花《はな》の作《つく》りだった、というわけです。

これがわかると、ハキダメギクの開花具合《かいかぐあい》がわかります。8は咲《さ》きはじめ（まだ開《ひら》いていない黄色《きいろ》い花《はな》がたくさん）、9は咲《さ》いている花《はな》と咲《さ》いていない花《はな》が半々《はんはん》くらい、10は満開《まんかい》。こんなちがいがわかるようになると、不思議《ふしぎ》と植物観察《しょくぶつかんさつ》が楽《たの》しくなってくるものです。

中心《ちゅうしん》にある黄色《きいろ》い花《はな》は「筒状花《とうじょうか》（管状花《かんじょうか》）」、外側《そとがわ》の白《しろ》い花《はな》は「舌状花《ぜつじょうか》」と呼《よ》ばれます。キク科《か》の花《はな》が気《き》になる人《ひと》は、このキーワードでさらに深《ふか》く調《しら》べてみてください。

6

5

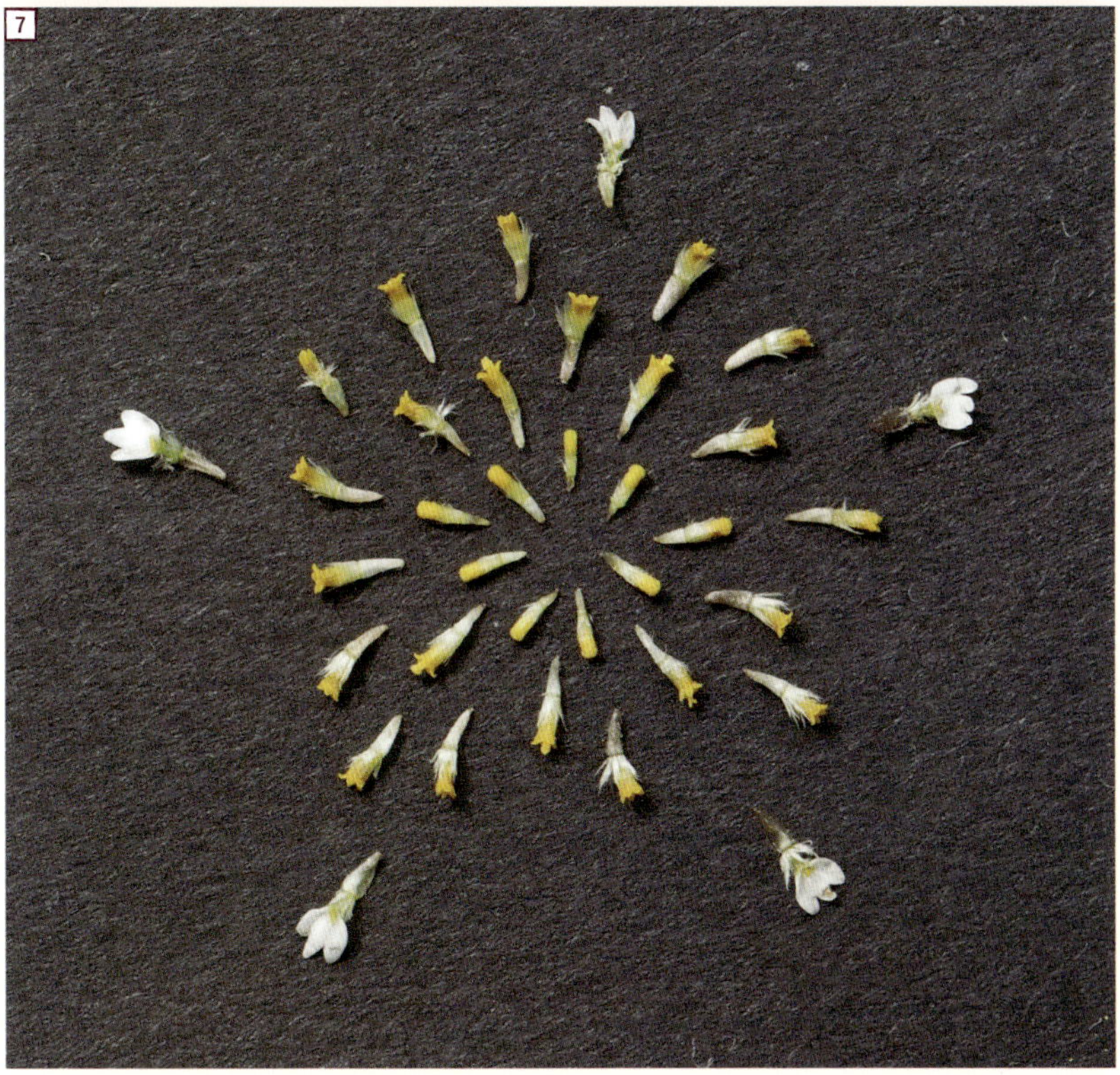
7

10

9

8

おまけ情報《じょうほう》　ハキダメギクは、筒状花《とうじょうか》と舌状花《ぜつじょうか》の組《く》み合《あ》わせでできていますが、タンポポは舌状花《ぜつじょうか》しかもっていません。

10月《がつ》　秋《あき》は小《ちい》さな花《はな》や果《か》実《じつ》がいっぱい

この季節《きせつ》は、小《ちい》さな花《はな》や果実《かじつ》をつける草《くさ》が多《おお》くあります。小《ちい》さいながらも、近《ちか》づいてよく見《み》ればとっても美《うつく》しいものばかりです。

コミカンソウとナガエコミカンソウ（コミカンソウ科《か》）

コミカンソウ

ナガエコミカンソウ

街路樹《がいろじゅ》の下《した》や、アスファルト道《どう》路《ろ》のすき間《ま》などから生《は》えてくるコミカンソウとナガエコミカンソウ。姿《すがた》も名前《なまえ》も似《に》ていますが、果実《かじつ》のつき方《かた》に注目《ちゅうもく》すれば見分《みわ》けは簡単《かんたん》。コミカンソウは、葉《は》っぱの下《した》に果実《かじつ》がつくのに対《たい》し、ナガエコミカンソウは葉《は》っぱの上《うえ》に果実《かじつ》がつき、かつ、果《か》実《じつ》がつく柄《え》が長《なが》いです。

クワクサ（クワ科《か》）とエノキグサ（トウダイグサ科《か》）

クワクサ

エノキグサ

樹木《じゅもく》のクワに似《に》た葉《は》っぱをもつクワクサと、樹木《じゅもく》のエノキに似《に》た葉《は》っぱをもつエノキグサ。クワとクワクサは同《おな》じクワ科《か》なのに、エノキとエノキグサはただ似《に》ているだけでまるでちがうグループなのがおもしろいところ。クワクサもエノキグサも、どちらも背丈《せたけ》の低《ひく》い草《くさ》です。目《め》をこらさないと花《はな》が見《み》つからないので、よーく探《さが》してみてください。

ザクロソウとクルマバザクロソウ（ザクロソウ科《か》）

こちらも道《みち》のすき間《ま》でよく見《み》る草《くさ》です。これまた名前《なまえ》と姿《すがた》が似《に》ていますが、よく見《み》るといろいろなちがいがあります。まず、ザクロソウは葉《は》っぱが１か所《しょ》から３～４枚《まい》出《で》るのに対《たい》し、クルマバザクロソウは葉《は》っぱが１か所《しょ》から６枚《まい》ほど出《で》ます。また、ザクロソウは花《はな》の柄《え》が長《なが》いのに対《たい》し、クルマバザクロソウは花《はな》の柄《え》が短《みじか》いというちがいもあります。細《こま》かいところを確《たし》かめながら、植物《しょくぶつ》を見分《みわ》けましょう。

ザクロソウ

クルマバザクロソウ

イヌタデとヒメツルソバ（タデ科《か》）

こちらは、互《たが》いに見《み》まちがえようがないほど全体《ぜんたい》の姿《すがた》が異《こと》なりますが、じつはぐっと近《ちか》づくと似《に》ている部分《ぶぶん》があります。それが花《はな》の形《かたち》です。じつはこの両種《りょうしゅ》は、小《ちい》さな花《はな》の集合体《しゅうごうたい》なので、近《ちか》づくと小《ちい》さな花《はな》ひとつひとつが見《み》えてきます。花《はな》が細長《ほそなが》く集《あつ》まっているイヌタデと、花《はな》が丸《まる》く集《あつ》まっているヒメツルソバ。ぜひ探《さが》してみてください。

イヌタデ

ヒメツルソバ

11月《がつ》

ひっつき虫《むし》が現《あらわ》れた！

この季節《きせつ》、ズボンや服《ふく》に知《し》らないうちにくっついてくるものがあります。「ひっつき虫《むし》」と呼《よ》ばれる、草《くさ》の果実《かじつ》や種子《しゅし》です。かれらはどうやってくっついてくるのでしょうか。

まずは「ひっつき虫《むし》」の代《だい》表選手《ひょうせんしゅ》ともいえるコセンダングサから。ちょっとした空《あ》き地《ち》や公園《こうえん》の緑地部分《りょくちぶぶん》によく生《は》え、ひっつき虫《むし》の中《なか》でも強力《きょうりょく》にくっついてくる植物《しょくぶつ》です[1][2]。

なかなか取《と》れないコセンダングサ

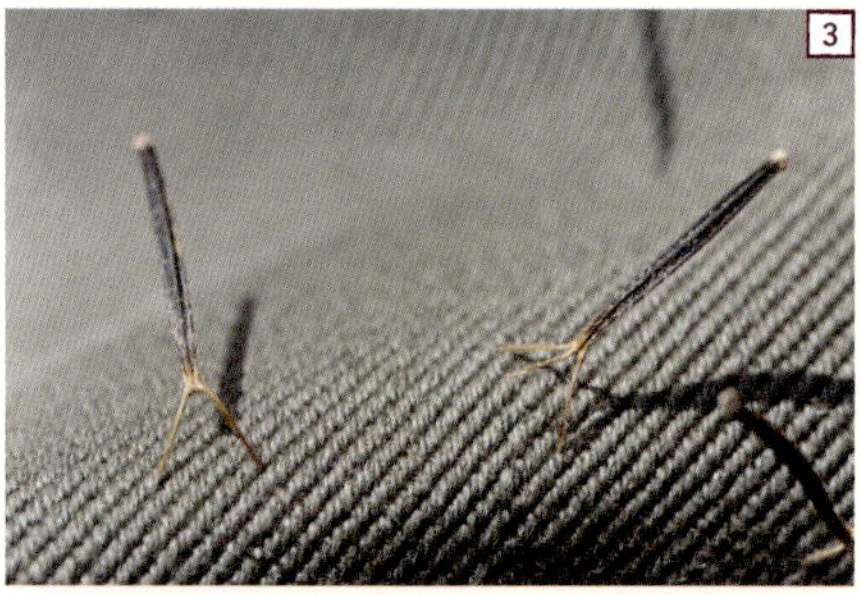

[3]は、ある日《ひ》、わたしのズボンにくっついてきたコセンダングサのタネ。一度《いちど》くっつくとなかなか取《と》れないので、すべて取《と》り切《き》るまでにとても時間《じかん》がかかります。

くっつき力《りょく》の秘密《ひみつ》は、タネの先端部分《せんたんぶぶん》にあります。タネの先《さき》が２〜３つに分《わ》かれてトゲ状《じょう》になっているので、これが服《ふく》の繊維《せんい》につきささるのです[4]。

えるので、この2ページだけ「タネ」とカタカナ表記《ひょうき》することにしました。

秘《ひ》技《ぎ》、返《かえ》し針《ばり》！

5

でも、トゲがささるだけなら、すぐにポロっと抜《ぬ》けてしまいそうな気《き》がします。まだ秘密《ひみつ》がかくされていそうなので、さらにぐぐっと近《ちか》づいてみましょう。すると、なんと先端《せんたん》で分《わ》かれたトゲのそれぞれに、トゲの向《む》きとは反対向《はんたいむ》きの細《こま》かいトゲがびっしり生《は》えていることがわかりました。まるで釣《つ》り針《ばり》についた返《かえ》し針《ばり》のようです。これがあるので、服《ふく》にささったトゲはなかなか抜《ぬ》けないのです5。

ネバネバでくっつくケチヂミザサ

6

7

くっつくタネには、その種類《しゅるい》によってさまざまな仕組《しく》みがあります。たとえば、よく見《み》るケチヂミザサなら、空《あ》き地《ち》や公園《こうえん》でタネについた粘液《ねんえき》でペタっとくっつくようになっています。これもなかなか接着力《せっちゃくりょく》が強《つよ》いので、よく家《いえ》までもち帰《かえ》ってしまいます678。

8

▲葉《は》っぱの縁《ふち》がちぢれていることが特徴《とくちょう》。

じつはわたしたちは、植物《しょくぶつ》の移動《いどう》によく関係《かんけい》しています。次《つぎ》のページでは、身近《みぢか》な場所《ばしょ》にあるくっつくタネを紹介《しょうかい》します。どのようにくっつくのか、その仕組《しく》みをじっくり観察《かんさつ》してみてください。

おまけ情報《じょうほう》　コセンダングサもケチヂミザサも、くっつく部分《ぶぶん》は正確《せいかく》には「果実《かじつ》」です。でも、見《み》た目《め》が種子《しゅし》そのものに見《み》

アレチヌスビトハギ（マメ科《か》）

公園《こうえん》の緑地《りょくち》や空《あ》き地《ち》など、日《ひ》当《あ》たりのよい場《ば》所《しょ》でよく見《み》ます。果実《かじつ》が3～6個連《こつら》なってつく姿《すがた》が特徴《とくちょう》です。その表面《ひょうめん》には、かぎ爪《づめ》のような毛《け》がびっしり。かなり強力《きょうりょく》にくっつきます。

イノコヅチ（ヒユ科《か》）

公園《こうえん》や道《みち》ばたなどでよく見《み》かけます。果実《かじつ》の表面《ひょうめん》にトゲが２本《ほん》ついていて、これで服《ふく》の繊維《せんい》などにくっつきます。くっつき力《りょく》は弱《よわ》めです。ヒナタイノコヅチとヒカゲイノコヅチがありますが、果実《かじつ》のくっつく仕《し》組《く》みは同《おな》じなので、ここでは区別《くべつ》せずに紹介《しょうかい》します。

探《さが》そう

ひっつき虫《むし》には、さまざまな仕《し》組《く》みがあります。どんな作《つく》りか近《ちか》づいて見《み》てみましょう。ルーペを使《つか》うのがおすすめです。

オオバコ（オオバコ科《か》）

24 ～ 25ページで観察《かんさつ》したオオバコ。キャップ状《じょう》の果《か》実《じつ》をパカっと開《あ》けると種子《しゅし》が出《て》てきます。これは雨《あめ》にぬれるとネバネバして、人《ひと》のくつの裏《うら》などにくっつきます。わたしたちは、知《し》らずのうちにオオバコをよく運《はこ》んでいるのです。

オオオナモミ（キク科《か》）

果実《かじつ》につくトゲの先端《せんたん》がクルっとカーブしていて、これでくっつきます。オナモミの仲間《なかま》は昔《むかし》から子《こ》どもの遊《あそ》び道具《どうぐ》として親《した》しまれてきましたが、最近《さいきん》は日本《にほん》のオナモミは少《すく》なくなり、外国《がいこく》からきたオオオナモミをよく見《み》るようになりました。

11月《がつ》 ひっつき虫《むし》を

ミズヒキ（タデ科《か》）

夏《なつ》に赤《あか》と白《しろ》のツートンカラーの小《ちい》さな花《はな》を咲《さ》かせるミズヒキ。秋《あき》につく果実《かじつ》には、花《はな》の雌《め》しべがまだ残《のこ》っていて、これでひっかかります。くっつき力《りょく》はかなり弱《よわ》いです。

チカラシバ（イネ科《か》）

巨大《きょだい》な猫《ねこ》じゃらし（エノコログサ）のような姿《すがた》をしたチカラシバ。果実《かじつ》をひとつ取《と》り、そのつけ根《ね》を見《み》ると、細《こま》かい毛《け》がたくさん生《は》えています。あまりくっつかなそうな見《み》た目《め》ですが、意外《いがい》とくっつきます。

コラム3

小《ちい》さな花《はな》も見《み》てみよう！

秋《あき》は細《こま》かな花《はな》もたくさん。
小《ちい》さな宝探《たからさが》しを楽《たの》しもう！

シロザ（ヒユ科《か》）

環境《かんきょう》によっては1メートル以上《いじょう》の高《たか》さにまで成長《せいちょう》するシロザ。白《しろ》い葉《は》っぱが特徴《とくちょう》です。

1本《ぽん》の丈夫《じょうぶ》な茎《くき》が直立《ちょくりつ》する姿《すがた》ですが、その途中《とちゅう》でよく枝分《えだわ》かれして、そこに花《はな》をつけます。

草自体《くさじたい》は大《おお》きいのに、花《はな》のサイズはたったの1～2ミリメートルほど！よく見《み》ればとってもきれいです。

コニシキソウ（トウダイグサ科《か》）

アスファルト道路《どうろ》のすき間《ま》や駐車場《ちゅうしゃじょう》などでよく見《み》ます。葉《は》っぱに紫色《むらさきいろ》の点《てん》がつくのが目印《めじるし》です。

花《はな》はこれ。1ミリメートルほどととっても小《ちい》さいのに、複雑《ふくざつ》な作《つく》り。その造形《ぞうけい》におどろかされます。

冬《ふゆ》

いよいよ冬《ふゆ》です。
最後《さいご》に果実《かじつ》をつけ、種子《しゅし》を運《はこ》ぼうとする植物《しょくぶつ》が少《すこ》し見《み》られますが、
全体的《ぜんたいてき》にお休《やす》みモードになります。
でも、静《しず》かに感《かん》じるだけで、冬《ふゆ》も植物《しょくぶつ》は生《い》きています。
この時期《じき》の植物《しょくぶつ》の様子《ようす》を見《み》ていると、春《はる》の植物《しょくぶつ》がどうしてあんなに
にぎやかなのか、ということもわかってきます。
春《はる》・夏《なつ》・秋《あき》・冬《ふゆ》のつながりが見《み》えてくると、
植物観察《しょくぶつかんさつ》はさらに楽《たの》しくなってきますよ。

12月《がつ》

ちょっと変《か》わった果《か》実《じつ》や種《しゅ》子《し》を探《さが》そう

果実《かじつ》や種子《しゅし》の工夫《くふう》はまだまだたくさんあります。今月《こんげつ》はちょっとおどろきの方法《ほうほう》をもつこの植物《しょくぶつ》を紹介《しょうかい》します。近《ちか》くで出会《であ》えるはずですよ。

今回見《こんかいみ》たいのは、つる植物《しょくぶつ》のヤブマメです。沖縄県《おきなわけん》以外《いがい》の全国《ぜんこく》に生《は》える植物《しょくぶつ》で、街《まち》でも簡単《かんたん》に見《み》つかります。フェンスにからまるつる植物《しょくぶつ》1の中《なか》で、2のような3枚組《まいぐみ》の葉《は》っぱと、3のような上《うえ》の花《はな》びらが青《あお》から紫色《むらさきいろ》をした花《はな》を探《さが》してください。

1

2

3

地面《じめん》の中《なか》からなぞの玉《たま》が！

ヤブマメを見《み》つけたら、つるを上《うえ》から下《した》へとたどり、地面《じめん》に接《せっ》している部分《ぶぶん》を見《み》てください。すると、つるの一部《いちぶ》が地面《じめん》にささっているところが見《み》つかります4。一見《いっけん》、根《ね》っこのようですが、これを引《ひ》っこ抜《ぬ》いてみると……、なんと、地面《じめん》の中《なか》からなぞの玉《たま》が出《で》てきます5 6。

4

5

6

るものがあります。

じつはこれ、ヤブマメの果実《かじつ》です。その証拠《しょうこ》に、この玉《たま》の中《なか》にはちゃんと種子《しゅし》が入《はい》っています[7]。

地面《じめん》の中《なか》の咲《さ》かない花《はな》

果実《かじつ》をほると、[8]のように小《ちい》さなふくらみもいっしょについてきます。これは、ヤブマメがもつ「閉鎖花《へいさか》」です。閉鎖花《へいさか》とは、開《ひら》かない花《はな》のことをいいます。花《はな》は開《ひら》かないけれど、つぼみの中《なか》で受粉《じゅふん》をして、そのまま果実《かじつ》になるという不思議《ふしぎ》な花《はな》なのです。

　ヤブマメは地中《ちちゅう》に閉鎖花《へいさか》をつけ、だれにも気《き》づかれぬまま地《ち》中《ちゅう》に果実《かじつ》をつけていたというわけです。

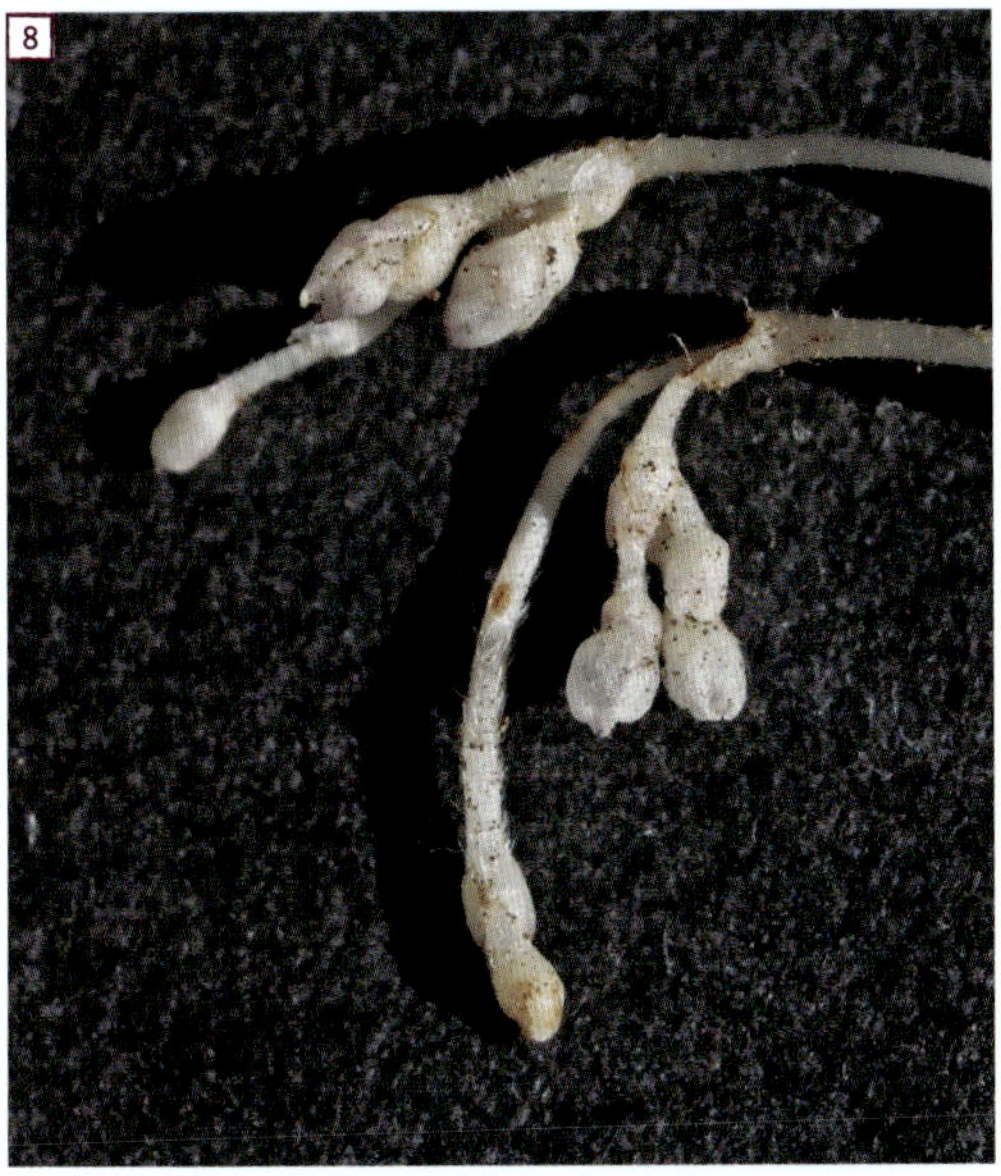

移動《いどう》する種子《しゅし》と、移動《いどう》しない種子《しゅし》

　ヤブマメは冬《ふゆ》には枯《か》れてしまいます。でも地中《ちちゅう》の果実《かじつ》はその場所《ばしょ》にとどまるので、翌年《よくとし》もまた同《おな》じ場所《ばしょ》から芽生《めば》えてきます。親《おや》の植物《しょくぶつ》がいた場所《ばしょ》は、子《こ》にとってもいい場所《ばしょ》である可能性《かのうせい》が高《たか》いので、なかなかいい方法《ほうほう》に思《おも》えます。

　一方《いっぽう》で、[3]のようにヤブマメは地上《ちじょう》にはちゃんと開《ひら》く花《はな》（開放花《かいほうか》といいます）を咲《さ》かせます。これもまた、花《はな》が終《お》われば果実《かじつ》になるのですが、こちらは果実《かじつ》がかんそうして種子《しゅし》が飛《と》び、はなれた場所《ばしょ》に移動《いどう》する仕組《しく》みになっています[9][10]。

　ヤブマメは移動《いどう》しない選択肢《せんたくし》と、移動《いどう》する選択肢《せんたくし》の両方《りょうほう》をもっているのです。

さやが割《わ》れて種子《しゅし》が飛《と》び出《だ》す

おまけ情報《じょうほう》　はじめて聞《き》くと不思議《ふしぎ》に感《かん》じる閉鎖花《へいさか》ですが、じつはスミレやホトケノザなど、身近《みぢか》な植物《しょくぶつ》でも閉鎖花《へいさか》をつけ

ヤブラン（クサスギカズラ科《か》）

フウセンカズラ（ムクロジ科《か》）

風船《ふうせん》のような果実《かじつ》がかわいらしいので、よく庭《にわ》などに植《う》えられています。ふくろ状《じょう》の果実《かじつ》をやぶくと中《なか》から出《で》てくるのは、ハート模様《もよう》の種子《しゅし》!

果実《かじつ》と種子《しゅし》

12月《がつ》は、まだまだ多《おお》くの果《か》実《じつ》や種子《しゅし》を観察《かんさつ》できる季節《きせつ》です。不思議《ふしぎ》でおもしろいものがたくさんありますよ。

ジャノヒゲ（クサスギカズラ科《か》）

ヤブランとよく似《に》ていますが、葉《は》っぱがより細長《ほそなが》く、種《しゅ》子《し》は青色《あおいろ》です。葉《は》っぱの下《した》にかくれるように種子《しゅし》がつくので、ゴソゴソ探《さが》すのが楽《たの》しい植物《しょくぶつ》です。こちらも、地《じ》面《めん》に落《お》とすとよくはずむので遊《あそ》んでみてください。はずむことにどんな意味《いみ》があるのかは不明《ふめい》なところがまたおもしろいです。葉《は》っぱが短《みじか》いものをジャノヒゲ、長《なが》いものをナガバジャノヒゲとして分《わ》けることもあります。

アオツヅラフジ（ツヅラフジ科《か》）

ブドウのような青《あお》黒《ぐろ》い果実《かじつ》をいくつもつける、つる植《しょく》物《ぶつ》。果実《かじつ》の中《なか》には、アンモナイトそっくりの種子《しゅし》が入《はい》っています。どうしてこんな形《かたち》になったのでしょうか……。

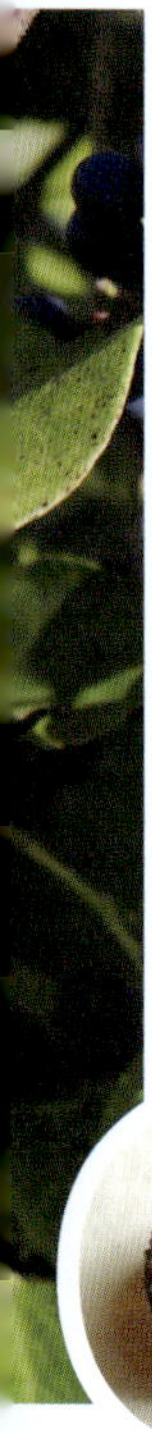

12月《がつ》 まだまだある。おもしろい

カラスウリ（ウリ科《か》）

8月《がつ》に観察《かんさつ》したカラスウリ（35ページ）。秋以降《あきいこう》にはあざやかなオレンジ色《いろ》の果実《かじつ》をつけます。この中《なか》には、カマキリの頭《あたま》のような形《かたち》をした種子《しゅし》が入《はい》っています。人《ひと》によって、打《う》ち出《で》の小槌《こづち》に見《み》えるという人《ひと》がいたり、パンに見《み》えるという人《ひと》もいます。皆《みな》さんは、何《なに》に見《み》えますか？

公園《こうえん》や花《か》だんなどによく植《う》えられるヤブラン。細長《ほそなが》い葉《は》っぱと、黒《くろ》い種子《しゅし》（果実《かじつ》に見《み》えますが、なんとこれが種子《しゅし》に当《あ》たります）を鈴《すず》なりにつける様子《ようす》が特徴《とくちょう》です。種子《しゅし》の黒《くろ》い皮《かわ》をむくと、中《なか》から半透明《はんとうめい》の白《しろ》い玉《たま》が出《で》てくるので、それを地面《じめん》に落《お》としてみてください。ぽーんとよくはずみます。

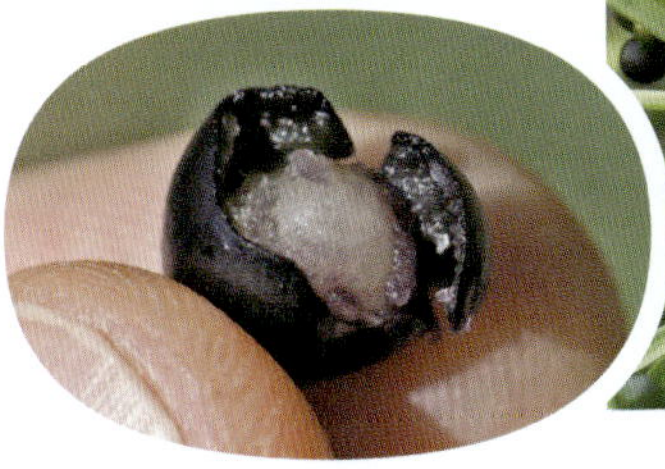

ヤブミョウガ（ツユクサ科《か》）

ミョウガのような葉《は》っぱをもち、やぶに生《は》えるので「ヤブミョウガ」。青黒《あおぐろ》い果実《かじつ》が光《ひか》っていて魅力的《みりょくてき》です。果実《かじつ》の皮《かわ》をそっとむくと、中《なか》から種子《しゅし》が出《で》てくるのですが、なんとこれ、細《こま》かい種子《しゅし》が複雑《ふくざつ》に組《く》み合《あ》わさった球体《きゅうたい》パズルのようになっています。公園《こうえん》の緑地《りょくち》などで見《み》かける植物《しょくぶつ》なので、ぜひ確《たし》かめてみてください。

1月《がつ》と2月《がつ》 草《くさ》の冬《ふゆ》越《ご》しの様子《ようす》を観察《かん》《さつ》しよう！

冬《ふゆ》になると、咲《さ》く花《はな》の数《かず》が減《へ》り、果実《かじつ》を見《み》ることも少《すく》なくなります。ですが、それでも植物《しょくぶつ》は足《あし》もとで生《い》きています。1月《がつ》と2月《がつ》は、冬《ふゆ》ならではの観察《かんさつ》を楽《たの》しみましょう。

草《くさ》たちが寒《さむ》い冬《ふゆ》を過《す》ごす方法《ほうほう》はさまざまです。今回《こんかい》は、大《おお》きく3つに分《わ》けて見《み》てみます。

①小《ちい》さいまま過《す》ごす

草《くさ》には、秋《あき》に芽生《めば》えて翌年《よくとし》の春《はる》に開花《かいか》するものがあります。たとえば、5月《がつ》に見《み》たカラスノエンドウ（18～19ページ）は、種子《しゅし》を飛《と》ばしたあとに枯《か》れますが、そのときに落《お》ちた種子《しゅし》が秋《あき》に芽生《めば》えます。本格的《ほんかくてき》に寒《さむ》くなるまでは少《すこ》し成長《せいちょう》するものの、基本的《きほんてき》には冬《ふゆ》は小《ちい》さいままです1 2。そして、春《はる》にあたたかくなってから成長《せいちょう》を再開《さいかい》し、花《はな》を咲《さ》かせるのです。このように、「小《ちい》さいまま冬《ふゆ》を過《す》ごす」パターンは、ヤエムグラやホトケノザ、ヒメオドリコソウなどでも観察《かんさつ》できます3 4。

カラスノエンドウ

ヤエムグラ

②ロゼットで過《す》ごす

秋《あき》に芽生《めば》える草《くさ》の中《なか》には、5のハルジオンのような姿《し》勢《せい》で冬《ふゆ》を過《す》ごすものがあります。地上部《ちじょうぶ》に高《たか》くのびる茎《くき》はなく、葉《は》っぱだけが放射状《ほうしゃじょう》に出《で》ています。冷《つめ》たい風《かぜ》が当《あ》たりにくく、冬《ふゆ》の少《すく》ない日差《ひざ》しを多《おお》く集《あつ》められる格好《かっこう》といえます。こうした姿《すがた》の草《くさ》を、バラ（英語《えいご》でローズ）の花《はな》の形《かたち》に見立《みた》てて、ロゼット植物《しょくぶつ》と呼《よ》びます。

寒《さむ》い時期《じき》をロゼットで過《す》ごした草《くさ》は、春《はる》になると急成長《きゅうせいちょう》します。5のハルジオンは、

ブック』（文一総合出版《ぶんいちそうごうしゅっぱん》）がおすすめです！

4月《がつ》になってから1か月《げつ》ほどで、一気《いっき》に茎《くき》をのばし、その先端《せんたん》に花《はな》を咲《さ》かせました6789。

③冬《ふゆ》を積極的《せっきょくてき》に利用《りよう》する

中《なか》には、冬《ふゆ》を積極的《せっきょくてき》に利《り》用《よう》しているように見《み》える植《しょく》物《ぶつ》もあります。たとえばヒガンバナ（43ページ）は、秋《あき》に咲《さ》かせた花《はな》が終《お》わるころに葉《は》っぱを出《だ》し、冬《ふゆ》の間《あいだ》はずっと葉《は》っぱを出《だ》したまま過《す》ごします1011。そして、次《つぎ》の初夏《しょか》ごろには姿《すがた》を消《け》すので、冬《ふゆ》から春《はる》の間《あいだ》だけ葉《は》っぱを出《だ》していることになります。

冬《ふゆ》は木々《きぎ》の葉《は》っぱが落《お》ち、背《せ》の高《たか》い草《くさ》も枯《か》れるので、この季節《きせつ》に葉《は》っぱを出《だ》しておくと、冬《ふゆ》の日光《にっこう》を独《どく》占《せん》して利用《りよう》できるという効《こう》果《か》がありそうです。これはこれでいい方法《ほうほう》なのかもしれません。

秋《あき》に葉《は》っぱが出《で》る。

冬《ふゆ》の間《あいだ》に、光《ひかり》を集《あつ》める。

冬《ふゆ》の植物《しょくぶつ》もそれぞれなりに生《い》きています。オオイヌノフグリやホトケノザなどは、真冬《まふゆ》でもちょっとあたたかい日《ひ》が続《つづ》くと花《はな》を咲《さ》かせることがあるので、冬《ふゆ》に咲《さ》く花《はな》探《さが》しもおすすめです。

おまけ情報《じょうほう》 草《くさ》の芽生《めば》えやロゼットを調《しら》べたい場合《ばあい》は、『身近《みぢか》な雑草《ざっそう》の芽生《めば》えハンドブック』と『野草《やそう》のロゼットハンド

1月《がつ》と2月《がつ》 ロゼット植物《しょくぶつ》を覚《おぼ》えよう

前《まえ》ページで見《み》たロゼットは、草《くさ》の種類《しゅるい》によってさまざまな形《かたち》をしていて、よく見《み》ればとてもかわいらしいです。とくに見分《みわ》けやすいものを紹介《しょうかい》するので、近所《きんじょ》で探《さが》してみてください。

セイヨウタンポポ
(キク科《か》)

三角《さんかく》に切《き》れ込《こ》みが入《はい》る姿《すがた》がわかりやすいです。もしかしたらいちばん有《ゆう》名《めい》なロゼットかもしれません。

キュウリグサ
(ムラサキ科《か》)

スプーンのような葉《は》っぱが特徴《とくちょう》。葉《は》っぱをもんでにおいをかぐと「きゅうり」のにおいがします。

ブタナ
(キク科《か》)

よくセイヨウタンポポと間《ま》ちがえますが、全体的《ぜんたいてき》に丸《まる》っこい姿《すがた》をしているので、よく見《み》ればわかります。

ウラジロチチコグサ
(キク科《か》)

ぱっと見《み》は個性《こせい》がなさそうですが、葉《は》っぱの裏《うら》が白《しろ》いのがよい目印《めじるし》になります。

ムシトリナデシコ

（ナデシコ科《か》）

のっぺりした葉《は》っぱが特徴《とくちょう》。紫色《むらさきいろ》になるときがあり、そうなっているとわかりやすいです。

アメリカフウロ

（フウロソウ科《か》）

扇形《おうぎがた》をしていて、細《こま》かい切《き》れ込《こ》みがある葉《は》っぱが特徴《とくちょう》です。

ナガミヒナゲシ

（ケシ科《か》）

葉《は》っぱがまばらにつくので、茎《くき》がよく目立《めだ》ちます。水《みず》をよくはじくので、雨上《あめあ》がりに見《み》つけやすいです。

オランダミミナグサ

（ナデシコ科《か》）

葉《は》っぱが十字《じゅうじ》に出《で》ることと、毛《け》が生《は》えてふさふさしていることが特徴《とくちょう》です。

メマツヨイグサ

（アカバナ科《か》）

これぞロゼットという姿《すがた》。葉《は》っぱがすき間《ま》なく地際《ちぎわ》に広《ひろ》がっています。空《あ》き地《ち》などで見《み》ます。

コラム4 街《まち》の植物《しょくぶつ》の環境《かんきょう》問題《もんだい》

コラム2（38ページ）で、街《まち》なかには外国《がいこく》の植物《しょくぶつ》が多《おお》く生《い》きていることを書《か》きました。それらは、外国《がいこく》から運《はこ》ばれる荷物《にもつ》に種子《しゅし》がまぎれたり、人《ひと》にくっつくなどしてやってきます。

ただ、じつはやってきた植物《しょくぶつ》のすべてが日本《にほん》に定着《ていちゃく》（子孫《しそん》を作《つく》って代々《だいだい》、暮《く》らし続《つづ》けるようになること）するわけではありません。多《おお》くの種子《しゅし》が運《はこ》ばれてくるなかで、新天地《しんてんち》で子孫《しそん》を残《のこ》せる植物《しょくぶつ》はほんのひとにぎり。なので、もしもといた生物《せいぶつ》に強《つよ》い影響《えいきょう》をあたえるような植物《しょくぶつ》（侵略性《しんりゃくせい》の高《たか》い植物《しょくぶつ》）がいても、それをリストアップして、多《おお》くの目《め》で監視《かんし》し、管理《かんり》することができれば、その影響《えいきょう》を小《ちい》さくコントロールできる可能《かのう》性《せい》があります。

ところが、最近《さいきん》は気候変《きこうへん》動《どう》の影響《えいきょう》で、日本《にほん》の気候《きこう》そのものが変《か》わってきています。いまは日本《にほん》にやってきても生《い》きていけない外国《がいこく》の植物《しょくぶつ》があったとしても、環《かん》境《きょう》が変《か》われば、新《あら》たに日本《にほん》に定着《ていちゃく》する植物《しょくぶつ》が増《ふ》えるかもしれません。その中《なか》に侵《しん》略性《りゃくせい》の強《つよ》い植物《しょくぶつ》が混《ま》ざっていたら、また新《あら》たな脅威《きょうい》が生《う》まれてしまいます。

こうした問題《もんだい》は、いち早《はや》くその異変《いへん》に気《き》づくことが重要《じゅうよう》です。多《おお》くの人《ひと》が身近《みぢか》な環境《かんきょう》で植物観察《しょくぶつかんさつ》をして、情報《じょうほう》を共有《きょうゆう》できれば、環境《かんきょう》や植物《しょくぶつ》の変化《へんか》にすばやく気《き》づけるかもしれません。

植物観察《しょくぶつかんさつ》の入《い》り口《ぐち》は、本《ほん》文《ぶん》でたくさん書《か》いたように、まずはその生《い》きざまを観察《かんさつ》して楽《たの》しむところにあると思《おも》っています。ですが、じつは植物《しょくぶつ》の世界《せかい》にはこうした問題《もんだい》もあり、それに対《たい》して自分《じぶん》ができることがあるかもしれないのだということも頭《あたま》の片《かた》すみに入《い》れておいていただきたいです。

「特定外来生物《とくていがいらいせいぶつ》」（環境省《かんきょうしょう》）、「日本《にほん》の侵略的外来種《しんりゃくてきがいらいしゅ》ワースト100」（日本生態学会《にほんせいたいがっかい》）のどちらにも入《はい》っているオオキンケイギク。街《まち》なかでもちょっとした空《あ》き地《ち》で見《み》ることがある。

※「外来生物《がいらいせいぶつ》（外来種《がいらいしゅ》）」という言葉《ことば》がありますが、外国《がいこく》から運《はこ》ばれてきた植物《しょくぶつ》だけでなく、日本国内《にほんこくない》を移動《いどう》したものも外来生物《がいらいせいぶつ》にふくまれます。たとえば、鹿児島県《かごしまけん》に生《い》きていた植物《しょくぶつ》を、人《ひと》が東京《とうきょう》に運《はこ》んだら、それも外来生《がいらいせい》物《ぶつ》です。一方《いっぽう》で、植物《しょくぶつ》が種子《しゅし》を風《かぜ》で飛《と》ばして自力《じりき》で移動《いどう》したり、人《ひと》ではなく、野生動物《やせいどうぶつ》にくっついた種子《しゅし》が運《はこ》ばれて移動《いどう》した場合《ばあい》は、外来生物《がいらいせいぶつ》とはいいません。あくまで、「人《ひと》が運《はこ》んだ」ものが外来生物《がいらいせいぶつ》になります。

参考文献《さんこうぶんけん》

『外来種ハンドブック』日本生態学会（編）村上興正・鷲谷いづみ（監修）地人書館

『帰化 & 外来植物 見分け方マニュアル950種』森昭彦（著）秀和システム

『帰化植物の自然史－侵略と攪乱の生態学』森田竜義（編著）北海道大学出版会

『最新版 街でよく見かける雑草や野草がよーくわかる本』岩槻秀明（著）秀和システム

『雑草たちの陣取り合戦 身近な自然のしくみをときあかす』根本正之（著）小峰書店

『植物の生態図鑑（大自然のふしぎ 増補改訂）』多田多恵子・田中肇（監・著）Gakken

『したたかな植物たち【春夏編】』多田多恵子（著）ちくま文庫

『知るからはじめる外来生物』大阪市立自然史博物館（編）大阪市立自然史博物館

『図説 植物用語事典』清水建美（著）梅林正芳（画）亘理俊次（写真）八坂書房

『タンポポハンドブック』保谷彰彦（著）文一総合出版

『花からたねへ 種子散布を科学する』小林正明（著）全国農村教育協会

『身近な雑草の芽生えハンドブック 1 改訂版』浅井元朗（著）文一総合出版

『野草のロゼットハンドブック』亀田龍吉（著）文一総合出版

YList 植物和名 - 学名インデックス　米倉浩司・梶田忠 http://ylist.info

あとがき

植物《しょくぶつ》の楽《たの》しみ方《かた》は、人《ひと》によってさまざまです。たくさんの種類《しゅるい》を見《み》て、名前《なまえ》を覚《おぼ》えることが好《す》きな人《ひと》がいれば、絵《え》を描《えが》いたり、写真《しゃしん》を撮《と》って楽《たの》しむ人《ひと》もいます。植物《しょくぶつ》の見方《みかた》、楽《たの》しみ方《かた》には自由《じゆう》があり、それが植《しょく》物観察《ぶつかんさつ》の大《おお》きな魅力《みりょく》だとぼくは思《おも》っています。

では、ぼくが好《す》きな観察《かんさつ》は何《なに》かというと、本書《ほんしょ》のメインテーマである、「植物《しょくぶつ》の生《い》き方《かた》」を見《み》て、知《し》ることです。植物《しょくぶつ》の命《いのち》は、タネからはじまります。親《おや》の植《しょく》物《ぶつ》からはなれて、飛《と》んだり、くっついたりして運《はこ》ばれたタネは、やがて地面《じめん》に落《お》ち、そこに根《ね》っこをおろします。地面《じめん》としっかりつながったら地上《ちじょう》に茎《くき》を伸《の》ばし、葉《は》っぱを出《だ》して、花《はな》を咲《さ》かせ、実《み》をつけます。その間《あいだ》、風《かぜ》が吹《ふ》いても、雨《あめ》が降《ふ》っても、虫《むし》や動物《どうぶつ》が葉《は》っぱを食《た》べに来《き》ても、植物《しょくぶつ》はずっとその場所《ばしょ》に居続《いつづ》けます。これは、服《ふく》を着《き》て、傘《かさ》を差《さ》し、外敵《がいてき》が来《き》たらその場《ば》から逃《に》げることができるぼくたち人間《にんげん》とは大《おお》きく異《こと》なる生《い》き方《かた》です。ぼくは、それを知《し》ることが好《す》きなのです。

自分《じぶん》とはちがう生《い》き方《かた》を知《し》ることには、おどろきがあります。そんな方法《ほうほう》があったのか！と発見《はっけん》をすると、なんだか世界《せかい》が広《ひろ》がったような気《き》がして、ワクワクしてきます。すると、もっと知《し》りたいという気持《きも》ちが出《で》てきて、また、自分《じぶん》の知《し》らないことを探《さが》しに行《い》きたくなります。

大《おお》げさに聞《き》こえるかもしれませんが、そうすると自《じ》分《ぶん》の身《み》のまわりの景色《けしき》が輝《かがや》いて見《み》えるようになり、ただ生《い》きているだけで、うれしくなってきます。だって、心《こころ》がおどる発見《はっけん》が、家《いえ》から一歩《いっぽ》踏《ふ》み出《だ》した、その足《あし》もとに転《ころ》がっているのですから。

ぼくが日々《ひび》感《かん》じている植《しょく》物観察《ぶつかんさつ》のよろこびを、みなさんにもおすそ分《わ》けしたい。そんな気持《きも》ちでこの本《ほん》を書《か》きました。みなさんも、足《あし》もとのいいものを探《さが》しに、ぜひ出《で》かけてみてください。

この本《ほん》に出《で》てくる植物《しょくぶつ》

著者

鈴木　純

植物観察家。植物生態写真家。1986年、東京都生まれ。東京農業大学で造園学を学んだのち、中国で砂漠緑化活動に従事する。帰国後、国内外の野生植物を見て回り、2018年にまち専門の植物ガイドとして独立。著書に『そんなふうに生きていたのね まちの植物のせかい』(雷鳥社)、写真絵本『シロツメクサはともだち』(ブロンズ新社) など多数。NHK『ダーウィンが来た!』をはじめ、テレビやラジオへの出演や取材協力なども行う。2021年に東京農業大学 緑のフォーラム「造園大賞」を受賞。

協力(敬称略)

朝日向章子・石山裕美・一ノ瀬雅美・大森恵子・金子 結・菊池千尋・小島美紅・今野美紀・齊藤由香・杉原亜美

季《き》節《せつ》の生《い》きもの事《じ》典《てん》1

身《み》近《ぢか》な草《くさ》の生《い》き方《かた》観《かん》察《さつ》12か月《げつ》

2025年3月3日　初版第1刷発行

著　者　鈴木 純

発行者　斉藤 博

発行所　株式会社 文一総合出版

〒102-0074

東京都千代田区九段南3-2-5 ハトヤ九段ビル4階

tel. 03-6261-4105　fax. 03-6261-4236

https://www.bun-ichi.co.jp/

振　替　00120-5-42149

印　刷　奥村印刷株式会社

デザイン　窪田実莉

ISBN978-4-8299-9023-0　NDC470　B5 (182×257mm)　Printed in Japan